動画 コードを読みとって、下の番号(ばんごう)の動画(どうが)を見てみよう。

勉強した日　月　日

かけ算のきまり [その1]

きほんのワーク

もくひょう
0のかけ算と、かけ算のきまりがわかり、使えるようにしよう。

おわったら シールを はろう

教科書 上 11～18ページ　答え 1ページ

きほん1 「0のかけ算」のしかたがわかりますか。

☆けんさんが点とりゲームをしたら、表のようになりました。

けんさんのけっか

入ったところ	7点	4点	0点
入った数(こ)	0	3	2

❶ 7点のところのとく点をもとめましょう。
❷ 0点のところのとく点をもとめましょう。

とき方 ❶ 式は、7×0です。どんな数に0をかけても答えは0になるので、7×0=□
❷ 式は、0×2です。0にどんな数をかけても答えは0になるので、0×2=□

たいせつ
どんな数に0をかけても、答えは0になります。また、0にどんな数をかけても、答えは0になります。

答え ❶ □点　❷ □点

1 計算をしましょう。　教科書 13ページ1

❶ 8×0　❷ 0×4　❸ 5×0　❹ 15×0

きほん2 「かけ算のきまり」がわかりますか。

☆□にあてはまる数を書きましょう。
❶ 3×5=3×4+□
❷ 3×5=3×6−□
❸ 3×5=5×□

とき方 かけ算のきまりを使います。

❶ 3×5=3×4+□ （1ふえる）←かけられる数だけふえる。
❷ 3×5=3×6−□ （1へる）←かけられる数だけへる。
❸ 3×5=□×□ （入れかえる）

たいせつ
<かける数と答えの関係>
かけ算では、かける数が1ふえると、答えはかけられる数だけふえます。
■×5=■×4+■
また、かける数が1へると、答えはかけられる数だけへります。
■×5=■×6−■
<交かんのきまり>
かけ算では、かけられる数とかける数を入れかえて計算しても、答えは同じになります。
■×●=●×■

答え 問題文中に記入

0の記号が使われはじめたのは5～6世紀のインドで、日本では、江戸時代になっても使われていなかったんだ。漢字では「零」と書いて「ゼロ」と読むんだ。

3年

実力アップ

計算練習ノート

特別ふろく

計算力がぐんぐんのびる！

このふろくは
すべての教科書に対応した
全教科書版です。

年　　組　名前

「計算練習ノート」はとりはずして使用できます。

1 かけ算のきまり

とく点

/100点

□にあてはまる数を書きましょう。　1つ6〔48点〕

❶ 8×3＝3×□＝□　❷ 4×7＝7×□＝□

❸ 5×2＝2×□＝□　❹ 3×1＝1×□＝□

❺ 9×5＝9×4＋□　❻ 9×5＝9×6－□

❼ 6×8＝6×7＋□　❽ 6×8＝6×9－□

計算をしましょう。　1つ5〔20点〕

❾ 0×8　❿ 7×0

⓫ 0×0　⓬ 5×0

□にあてはまる数を書きましょう。　1つ8〔32点〕

⓭ 7×5＜ 3 ×5＝□ / □×5＝□ ＞ あわせて□

⓮ 10×9＜ 6×□＝□ / 4×□＝□ ＞ あわせて□

⓯ 13×4＜ 8×□＝□ / □×4＝□ ＞ あわせて□

⓰ 15×6＜ 10×□＝□ / □×6 ＝□ ＞ あわせて□

2 わり算(1)

とく点

/100点

計算をしましょう。　1つ5〔90点〕

❶ 18÷2　❷ 32÷8

❸ 45÷9　❹ 6÷3

❺ 24÷8　❻ 30÷6

❼ 35÷5　❽ 27÷9

❾ 12÷3　❿ 16÷2

⓫ 8÷1　⓬ 4÷4

⓭ 36÷6　⓮ 63÷7

⓯ 8÷4　⓰ 7÷1

⓱ 49÷7　⓲ 30÷5

色紙が45まいあります。5人で同じ数ずつ分けると、1人分は何まいになりますか。　1つ5〔10点〕

式

答え（　　　）

3 わり算(2)

時間20分　とく点　/100点

計算をしましょう。　1つ5〔90点〕

① 14÷2　② 40÷5

③ 56÷7　④ 36÷4

⑤ 5÷1　⑥ 40÷8

⑦ 16÷4　⑧ 24÷6

⑨ 7÷7　⑩ 63÷9

⑪ 9÷3　⑫ 42÷6

⑬ 9÷1　⑭ 15÷5

⑮ 12÷2　⑯ 21÷3

⑰ 72÷8　⑱ 36÷9

35こあるあめを、1人に7こずつ分けると、何人に分けられますか。

式　1つ5〔10点〕

答え（　　　　）

●勉強した日　　月　　日

4 時こくと時間

とく点　　/100点

□にあてはまる数を書きましょう。　1つ6〔48点〕

❶ 1時間＝□分　　❷ 2分＝□秒

❸ 3時間20分＝□分　　❹ 150分＝□時間□分

❺ 1分55秒＝□秒　　❻ 105秒＝□分□秒

❼ 4分38秒＝□秒　　❽ 196秒＝□分□秒

次の時こくをもとめましょう。　1つ10〔20点〕

❾ 3時30分から50分後の時こく

（　　　）

❿ 5時20分から40分前の時こく

（　　　）

次の時間をもとめましょう。　1つ10〔20点〕

⓫ 午前8時50分から午前9時40分までの時間

（　　　）

⓬ 午後4時30分から午後5時10分までの時間

（　　　）

国語を40分、算数を50分勉強しました。あわせて何時間何分勉強しましたか。　1つ6〔12点〕

式

答え（　　　）

5 たし算とひき算（1）

とく点　/100点

計算をしましょう。　1つ6〔54点〕

❶ 423＋316　❷ 275＋22　❸ 547＋135

❹ 680＋241　❺ 363＋178　❻ 459＋298

❼ 570＋176　❽ 667＋38　❾ 791＋9

計算をしましょう。　1つ6〔36点〕

❿ 837＋362　⓫ 927＋255　⓬ 693＋854

⓭ 826＋588　⓮ 982＋18　⓯ 417＋783

761cmと949cmのひもがあります。あわせて何cmありますか。

式　1つ5〔10点〕

答え（　　　）

6 たし算とひき算 (2)

とく点
/100点

計算をしましょう。 1つ6〔54点〕

❶ 827−113　❷ 758−46　❸ 694−235

❹ 568−276　❺ 921−437　❻ 726−356

❼ 854−86　❽ 573−9　❾ 618−584

計算をしましょう。 1つ6〔36点〕

⑩ 708−365　⑪ 805−647　⑫ 900−289

⑬ 300−64　⑭ 507−439　⑮ 403−398

917だんある階(かい)だんがあります。いま、478だんまでのぼりました。あと何だんのこっていますか。 1つ5〔10点〕

式

答え（　　　　）

7 たし算とひき算(3)

とく点　/100点

計算をしましょう。　1つ6〔36点〕

❶ 963＋357　❷ 984＋29　❸ 995＋8

❹ 1000－283　❺ 1005－309　❻ 1002－7

計算をしましょう。　1つ6〔54点〕

❼ 1376＋2521　❽ 4458＋3736　❾ 5285＋1832

❿ 1429－325　⓫ 1357－649　⓬ 2138－568

⓭ 3218－2107　⓮ 4385－3639　⓯ 3408－3099

3845円の服(ふく)を買って、4000円はらいました。おつりはいくらですか。

式　1つ5〔10点〕

答え（　　　）

8 長さ

とく点

/100点

□にあてはまる数を書きましょう。　1つ7〔84点〕

❶ 2km＝□m　❷ 5000m＝□km

❸ 2800m＝□km□m　❹ 4080m＝□km□m

❺ 3km400m＝□m　❻ 5km50m＝□m

❼ 400m＋700m＝□km□m

❽ 2km600m＋200m＝□km□m

❾ 1km700m＋300m＝□km

❿ 1km－400m＝□m

⓫ 2km－600m＝□km□m

⓬ 3km800m－500m＝□km□m

学校から駅（えき）までの道のりは1km900m、学校から図書館（かん）までの道のりは600mです。学校からは、駅までと図書館までのどちらの道のりのほうが何km何m長いですか。　1つ8〔16点〕

式

答え（　　　）

●勉強した日　月　日

9 あまりのあるわり算(1)

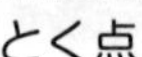

とく点　/100点

計算をしましょう。　1つ5〔90点〕

① 27÷7　② 16÷5

③ 13÷2　④ 19÷7

⑤ 22÷5　⑥ 15÷2

⑦ 79÷9　⑧ 28÷3

⑨ 43÷6　⑩ 51÷8

⑪ 38÷4　⑫ 54÷7

⑬ 21÷6　⑭ 25÷4

⑮ 22÷3　⑯ 62÷8

⑰ 32÷5　⑱ 51÷9

70本のえん筆(ぴつ)を、9本ずつたばにします。何たばできて、何本あまりますか。　1つ5〔10点〕

式

答え（　　　）

●勉強した日　月　日

10 あまりのあるわり算(2)

とく点

/100点

計算をしましょう。　1つ5〔90点〕

❶ 13÷4

❷ 5÷3

❸ 58÷7

❹ 85÷9

❺ 19÷9

❻ 50÷6

❼ 19÷3

❽ 26÷5

❾ 13÷8

❿ 30÷4

⓫ 26÷3

⓬ 46÷8

⓭ 44÷5

⓮ 11÷2

⓯ 9÷2

⓰ 35÷4

⓱ 27÷6

⓲ 22÷7

あめが60こあります。1ふくろに8こずつ入れていきます。全部(ぜんぶ)のあめをふくろに入れるには、何ふくろいりますか。　1つ5〔10点〕

式

答え（　　　　）

●勉強した日　月　日

11 1けたをかけるかけ算(1)

とく点

/100点

計算をしましょう。　1つ6〔54点〕

❶ 20×4　❷ 30×3　❸ 10×7

❹ 20×5　❺ 30×8　❻ 50×9

❼ 200×3　❽ 100×6　❾ 400×8

計算をしましょう。　1つ6〔36点〕

❿ 11×9　⓫ 24×2　⓬ 32×3

⓭ 12×5　⓮ 17×4　⓯ 14×6

1たば13まいある画用紙が7たばあります。全部(ぜんぶ)で何まいありますか。

式　1つ5〔10点〕

答え（　　　）

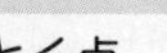

12 1けたをかけるかけ算(2)

とく点

/100点

計算をしましょう。　1つ6〔36点〕

❶ 64×2　❷ 52×4　❸ 73×3

❹ 41×7　❺ 92×2　❻ 21×8

計算をしましょう。　1つ6〔54点〕

❼ 32×5　❽ 27×9　❾ 15×7

❿ 35×4　⓫ 19×6　⓬ 53×8

⓭ 68×9　⓮ 46×3　⓯ 98×5

1こ85円のガムを6こ買うと、代(だい)金はいくらですか。　1つ5〔10点〕

式

答え（　　　）

●勉強した日　月　日

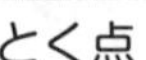

13 ｜けたをかけるかけ算(3)

時間20分

とく点 /100点

計算をしましょう。 1つ6〔36点〕

❶ 434×2　❷ 122×4　❸ 332×3

❹ 318×3　❺ 235×4　❻ 189×5

計算をしましょう。 1つ6〔54点〕

❼ 520×6　❽ 791×8　❾ 648×7

❿ 863×5　⓫ 415×9　⓬ 973×2

⓭ 298×7　⓮ 504×6　⓯ 609×8

｜こ345円のケーキを9こ買うと、代金(だい)はいくらですか。 1つ5〔10点〕

式

答え（　　　）

●勉強した日　　月　　日

14 ｌけたをかけるかけ算(4)

時間20分

とく点　　/100点

計算をしましょう。 1つ6〔90点〕

❶ 326×2　❷ 142×4　❸ 151×6

❹ 284×3　❺ 878×2　❻ 923×3

❼ 461×7　❽ 547×4　❾ 834×8

❿ 730×9　⓫ 632×5　⓬ 367×4

⓭ 415×7　⓮ 127×8　⓯ 906×3

ｌしゅう218mの公園のまわりを6しゅう走りました。全部で何m走りましたか。 1つ5〔10点〕

式

答え（　　　　　）

15 大きい数

とく点　/100点

□にあてはまる等号(とうごう)か不等号(ふとうごう)を書きましょう。　1つ5〔40点〕

❶ 50000 □ 30000　❷ 40000 □ 70000

❸ 2000＋9000 □ 11000　❹ 13000 □ 18000－5000

❺ 600万 □ 700万－200万　❻ 900万 □ 400万＋500万

❼ 8200万 □ 4000万＋5000万　❽ 7000万＋2000万 □ 1億(おく)

計算をしましょう。　1つ5〔60点〕

❾ 5万＋8万　❿ 23万＋39万

⓫ 65万＋35万　⓬ 14万－7万

⓭ 42万－28万　⓮ 100万－63万

⓯ 30×10　⓰ 52×10

⓱ 70×100　⓲ 24×100

⓳ 120÷10　⓴ 300÷10

16 小数(1)

時間20分

とく点　/100点

計算をしましょう。　1つ5〔90点〕

❶ 0.5+0.2　❷ 0.6+1.3

❸ 0.2+0.8　❹ 0.7+0.3

❺ 0.5+3　❻ 0.4+0.7

❼ 0.6+0.6　❽ 0.9+0.5

❾ 3.4+5.3　❿ 5.1+1.7

⓫ 2.6+4.6　⓬ 3.3+5.9

⓭ 4.4+2.7　⓮ 2.6+3.4

⓯ 5.2+1.8　⓰ 4+1.8

⓱ 4.7+16　⓲ 2.8+7.2

1.6 L の牛にゅうと2.4 L の牛にゅうがあります。あわせて何 L ありますか。　1つ5〔10点〕

式

答え（　　）

17 小数（2）

時間20分

とく点　/100点

計算をしましょう。　1つ5〔90点〕

❶ 0.9－0.6　❷ 2.7－0.5

❸ 1－0.4　❹ 3.6－3

❺ 1.3－0.5　❻ 1.6－0.9

❼ 4.8－1.3　❽ 6.7－4.5

❾ 7.2－2.7　❿ 8.4－3.9

⓫ 2.6－1.8　⓬ 4.3－3.6

⓭ 5.9－5.2　⓮ 8.5－1.5

⓯ 6.3－4.3　⓰ 5－2.2

⓱ 14－3.4　⓲ 7.6－6

テープが8mあります。そのうち1.2mを使（つか）うと、何mのこりますか。

式　1つ5〔10点〕

答え（　　　）

●勉強した日　月　日

18 小数(3)

時間 20分

とく点

/100点

計算をしましょう。 1つ5〔90点〕

❶ 0.7+0.9

❷ 0.5+0.6

❸ 2.7+4.4

❹ 3.2+1.8

❺ 13+7.4

❻ 8.4+3.7

❼ 7.5+2.8

❽ 4.6+5.4

❾ 6.1+5.9

❿ 4.7−3.2

⓫ 8.7−5.5

⓬ 6.7−1.8

⓭ 7.3−2.7

⓮ 5.3−3

⓯ 4−2.3

⓰ 7.6−2.6

⓱ 6.2−5.7

⓲ 8.3−7.7

白いテープが8.2m、赤いテープが2.8mあります。どちらのテープが何m長いですか。 1つ5〔10点〕

式

答え（　　　　　）

19 分数(1)

とく点
/100点

計算をしましょう。　1つ6〔90点〕

❶ $\frac{1}{4}+\frac{2}{4}$　❷ $\frac{2}{9}+\frac{5}{9}$

❸ $\frac{1}{6}+\frac{4}{6}$　❹ $\frac{1}{2}+\frac{1}{2}$

❺ $\frac{2}{5}+\frac{2}{5}$　❻ $\frac{5}{7}+\frac{1}{7}$

❼ $\frac{4}{8}+\frac{4}{8}$　❽ $\frac{1}{9}+\frac{4}{9}$

❾ $\frac{3}{6}+\frac{2}{6}$　❿ $\frac{1}{3}+\frac{1}{3}$

⓫ $\frac{1}{8}+\frac{2}{8}$　⓬ $\frac{5}{7}+\frac{2}{7}$

⓭ $\frac{4}{9}+\frac{4}{9}$　⓮ $\frac{1}{5}+\frac{3}{5}$

⓯ $\frac{4}{8}+\frac{3}{8}$

$\frac{3}{10}$Lの水が入ったコップと$\frac{6}{10}$Lの水が入ったコップがあります。あわせて何Lありますか。　1つ5〔10点〕

式

答え（　　　）

20 分数(2)

とく点
/100点

計算をしましょう。　1つ6〔90点〕

❶ $\frac{4}{5}-\frac{2}{5}$

❷ $\frac{7}{9}-\frac{5}{9}$

❸ $\frac{3}{6}-\frac{2}{6}$

❹ $\frac{5}{8}-\frac{3}{8}$

❺ $\frac{3}{4}-\frac{1}{4}$

❻ $\frac{7}{10}-\frac{4}{10}$

❼ $\frac{8}{9}-\frac{7}{9}$

❽ $\frac{6}{7}-\frac{3}{7}$

❾ $\frac{7}{8}-\frac{2}{8}$

❿ $1-\frac{1}{3}$

⓫ $1-\frac{5}{8}$

⓬ $1-\frac{5}{6}$

⓭ $1-\frac{2}{7}$

⓮ $1-\frac{3}{5}$

⓯ $1-\frac{4}{9}$

リボンが1mあります。そのうち$\frac{4}{7}$mを使(つか)うと、リボンは何mのこっていますか。　1つ5〔10点〕

式

答え（　　　　　）

●勉強した日　月　日

21 重さ

とく点　/100点

□にあてはまる数を書きましょう。　1つ6〔84点〕

❶ 3kg=□g　❷ 1t=□kg

❸ 9000g=□kg　❹ 6000kg=□t

❺ 3600g=□kg□g　❻ 4090kg=□t□kg

❼ 4kg300g=□g　❽ 2t150kg=□kg

❾ 4kg200g+500g=□kg□g

❿ 550g+650g=□kg□g

⓫ 2kg800g+600g=□kg□g

⓬ 850kg−400kg=□kg

⓭ 1kg−900g=□g

⓮ 6kg900g−300g=□kg□g

150gの入れ物に、みかんを860g入れました。全体の重さは何kg何gになりますか。　1つ8〔16点〕

式

答え（　　　）

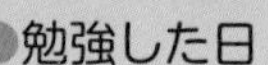

●勉強した日　月　日

22 □を使った式

とく点

/100点

□にあてはまる数をもとめましょう。　1つ10〔100点〕

❶ 23+□=70

❷ □+35=72

❸ □−46=29

❹ 8×□=32

❺ □×4=36

❻ 54+□=103

❼ □+84=111

❽ □−78=25

❾ 65−□=42

❿ □÷3=5

23 2けたをかけるかけ算 (1)

とく点　/100点

計算をしましょう。 1つ6〔54点〕

❶ 4×20　❷ 8×40　❸ 7×50

❹ 14×20　❺ 18×30　❻ 23×60

❼ 30×90　❽ 40×70　❾ 60×80

計算をしましょう。 1つ6〔36点〕

❿ 17×25　⓫ 22×38　⓬ 19×43

⓭ 29×31　⓮ 26×27　⓯ 36×16

1こ28円のおかしを34こ買うと、代(だい)金はいくらですか。 1つ5〔10点〕

式

答え（　　　）

24 2けたをかけるかけ算(2)

とく点

/100点

🍎計算をしましょう。　1つ6〔90点〕

❶ 95×18　❷ 63×23　❸ 78×35

❹ 55×52　❺ 86×26　❻ 71×85

❼ 46×39　❽ 38×94　❾ 58×74

❿ 91×17　⓫ 33×45　⓬ 64×57

⓭ 59×68　⓮ 83×21　⓯ 47×72

🍓1ふくろ35本入りのわゴムが、48ふくろあります。全部(ぜんぶ)で何本ありますか。　1つ5〔10点〕

式

答え（　　　　　）

25 2けたをかけるかけ算(3)

とく点

/100点

計算をしましょう。 1つ6〔90点〕

❶ 232×32　❷ 328×29　❸ 259×33

❹ 637×56　❺ 298×73　❻ 541×69

❼ 807×38　❽ 309×51　❾ 502×64

❿ 53×50　⓫ 77×30　⓬ 34×90

⓭ 5×62　⓮ 9×46　⓯ 8×89

1しゅう198mのコースを12しゅう走りました。全部(ぜんぶ)で何km何m走りましたか。 1つ5〔10点〕

式

答え（　　　）

26 2けたをかけるかけ算(4)

とく点

/100点

計算をしましょう。　1つ6〔90点〕

❶ 138×49　❷ 835×14　❸ 780×59

❹ 351×83　❺ 463×28　❻ 602×95

❼ 149×76　❽ 249×30　❾ 927×19

❿ 453×58　⓫ 278×61　⓬ 905×86

⓭ 783×40　⓮ 561×37　⓯ 341×65

1本235mL入りのジュースが24本あります。全部(ぜんぶ)で何L何mLありますか。　1つ5〔10点〕

式

答え（　　　）

27 3年のまとめ(1)

とく点
/100点

計算をしましょう。　1つ5〔90点〕

❶ 235＋293　❷ 146＋259　❸ 814－367

❹ 1035－387　❺ 2.4＋4.9　❻ 7.2－1.6

❼ 18×4　❽ 45×9　❾ 265×4

❿ 39×66　⓫ 476×37　⓬ 680×53

⓭ 48÷8　⓮ 27÷3　⓯ 72÷9

⓰ 0÷4　⓱ 35÷8　⓲ 50÷7

$\frac{9}{10}$、1.1、$\frac{1}{10}$の中で、いちばん大きい数はどれですか。　〔10点〕

⓳ (　　　　)

28 3年のまとめ（2）

時間 20分

とく点 /100点

計算をしましょう。 1つ5〔90点〕

❶ 367＋39　❷ 1267＋2585　❸ 700−118

❹ 4025−66　❺ 3.2＋5.8　❻ 16−4.3

❼ 55×6　❽ 487×3　❾ 35×15

❿ 84×53　⓫ 708×96　⓬ 966×22

⓭ 56÷8　⓮ 32÷4　⓯ 20÷5

⓰ 4÷1　⓱ 57÷9　⓲ 41÷6

180gの箱(はこ)に、1こ65gのケーキを8こ入れました。全(ぜん)体の重(おも)さは何gになりますか。 1つ5〔10点〕

式

答え（　　　）

答え

1
① 8、24　② 4、28
③ 5、10　④ 3、3
⑤ 9　⑥ 9　⑦ 6　⑧ 6
⑨ 0　⑩ 0　⑪ 0　⑫ 0
⑬ 15、4、20、35
⑭ 9、54、9、36、90
⑮ 4、32、5、20、52
⑯ 6、60、5、30、90

2
① 9　② 4　③ 5　④ 2　⑤ 3
⑥ 5　⑦ 7　⑧ 3　⑨ 4　⑩ 8
⑪ 8　⑫ 1　⑬ 6　⑭ 9　⑮ 2
⑯ 7　⑰ 7　⑱ 6
式 45÷5=9　答え 9まい

3
① 7　② 8　③ 8　④ 9　⑤ 5
⑥ 5　⑦ 4　⑧ 4　⑨ 1　⑩ 7
⑪ 3　⑫ 7　⑬ 9　⑭ 3　⑮ 6
⑯ 7　⑰ 9　⑱ 4
式 35÷7=5　答え 5人

4
① 60　② 120
③ 200　④ 2、30
⑤ 115　⑥ 1、45
⑦ 278　⑧ 3、16
⑨ 4時20分　⑩ 4時40分
⑪ 50分(50分間)
⑫ 40分(40分間)
式 40+50=90　答え 1時間30分

5
① 739　② 297　③ 682
④ 921　⑤ 541　⑥ 757
⑦ 746　⑧ 705　⑨ 800
⑩ 1199　⑪ 1182　⑫ 1547
⑬ 1414　⑭ 1000　⑮ 1200
式 761+949=1710
答え 1710cm

6
① 714　② 712　③ 459
④ 292　⑤ 484　⑥ 370
⑦ 768　⑧ 564　⑨ 34
⑩ 343　⑪ 158　⑫ 611
⑬ 236　⑭ 68　⑮ 5
式 917−478=439　答え 439だん

7
① 1320　② 1013　③ 1003
④ 717　⑤ 696　⑥ 995
⑦ 3897　⑧ 8194　⑨ 7117
⑩ 1104　⑪ 708　⑫ 1570
⑬ 1111　⑭ 746　⑮ 309
式 4000−3845=155　答え 155円

8
① 2000　② 5
③ 2、800　④ 4、80
⑤ 3400　⑥ 5050
⑦ 1、100　⑧ 2、800
⑨ 2　⑩ 600
⑪ 1、400　⑫ 3、300
式 1km900m−600m=1km300m
答え 駅(えき)までのほうが1km300m長い。

9
① 3あまり6　② 3あまり1
③ 6あまり1　④ 2あまり5
⑤ 4あまり2　⑥ 7あまり1
⑦ 8あまり7　⑧ 9あまり1
⑨ 7あまり1　⑩ 6あまり3
⑪ 9あまり2　⑫ 7あまり5
⑬ 3あまり3　⑭ 6あまり1
⑮ 7あまり1　⑯ 7あまり6
⑰ 6あまり2　⑱ 5あまり6
式 70÷9=7あまり7
答え 7たばできて、7本あまる。

10 ① 3あまり1　② 1あまり2
③ 8あまり2　④ 9あまり4
⑤ 2あまり1　⑥ 8あまり2
⑦ 6あまり1　⑧ 5あまり1
⑨ 1あまり5　⑩ 7あまり2
⑪ 8あまり2　⑫ 5あまり6
⑬ 8あまり4　⑭ 5あまり1
⑮ 4あまり1　⑯ 8あまり3
⑰ 4あまり3　⑱ 3あまり1
式 60÷8=7あまり4　7+1=8
答え 8ふくろ

11 ① 80　② 90　③ 70
④ 100　⑤ 240　⑥ 450
⑦ 600　⑧ 600　⑨ 3200
⑩ 99　⑪ 48　⑫ 96
⑬ 60　⑭ 68　⑮ 84
式 13×7=91　答え 91まい

12 ① 128　② 208　③ 219
④ 287　⑤ 184　⑥ 168
⑦ 160　⑧ 243　⑨ 105
⑩ 140　⑪ 114　⑫ 424
⑬ 612　⑭ 138　⑮ 490
式 85×6=510　答え 510円

13 ① 868　② 488　③ 996
④ 954　⑤ 940　⑥ 945
⑦ 3120　⑧ 6328　⑨ 4536
⑩ 4315　⑪ 3735　⑫ 1946
⑬ 2086　⑭ 3024　⑮ 4872
式 345×9=3105　答え 3105円

14 ① 652　② 568　③ 906
④ 852　⑤ 1756　⑥ 2769
⑦ 3227　⑧ 2188　⑨ 6672
⑩ 6570　⑪ 3160　⑫ 1468
⑬ 2905　⑭ 1016　⑮ 2718
式 218×6=1308　答え 1308m

15 ① ＞　② ＜　③ ＝　④ ＝
⑤ ＞　⑥ ＝　⑦ ＜　⑧ ＜
⑨ 13万　⑩ 62万　⑪ 100万
⑫ 7万　⑬ 14万　⑭ 37万
⑮ 300　⑯ 520　⑰ 7000
⑱ 2400　⑲ 12　⑳ 30

16 ① 0.7　② 1.9　③ 1
④ 1　⑤ 3.5　⑥ 1.1
⑦ 1.2　⑧ 1.4　⑨ 8.7
⑩ 6.8　⑪ 7.2　⑫ 9.2
⑬ 7.1　⑭ 6　⑮ 7
⑯ 5.8　⑰ 20.7　⑱ 10
式 1.6+2.4=4　答え 4L

17 ① 0.3　② 2.2　③ 0.6
④ 0.6　⑤ 0.8　⑥ 0.7
⑦ 3.5　⑧ 2.2　⑨ 4.5
⑩ 4.5　⑪ 0.8　⑫ 0.7
⑬ 0.7　⑭ 7　⑮ 2
⑯ 2.8　⑰ 10.6　⑱ 1.6
式 8−1.2=6.8　答え 6.8m

18 ① 1.6　② 1.1　③ 7.1
④ 5　⑤ 20.4　⑥ 12.1
⑦ 10.3　⑧ 10　⑨ 12
⑩ 1.5　⑪ 3.2　⑫ 4.9
⑬ 4.6　⑭ 2.3　⑮ 1.7
⑯ 5　⑰ 0.5　⑱ 0.6
式 8.2−2.8=5.4
答え 白いテープが5.4m長い。

19
❶ $\frac{3}{4}$ ❷ $\frac{7}{9}$ ❸ $\frac{5}{6}$
❹ 1 ❺ $\frac{4}{5}$ ❻ $\frac{6}{7}$
❼ 1 ❽ $\frac{5}{9}$ ❾ $\frac{5}{6}$
❿ $\frac{2}{3}$ ⓫ $\frac{3}{8}$ ⓬ 1
⓭ $\frac{8}{9}$ ⓮ $\frac{4}{5}$ ⓯ $\frac{7}{8}$
式 $\frac{3}{10}+\frac{6}{10}=\frac{9}{10}$ 答え $\frac{9}{10}$L

20
❶ $\frac{2}{5}$ ❷ $\frac{2}{9}$ ❸ $\frac{1}{6}$
❹ $\frac{2}{8}$ ❺ $\frac{2}{4}$ ❻ $\frac{3}{10}$
❼ $\frac{1}{9}$ ❽ $\frac{3}{7}$ ❾ $\frac{5}{8}$
❿ $\frac{2}{3}$ ⓫ $\frac{3}{8}$ ⓬ $\frac{1}{6}$
⓭ $\frac{5}{7}$ ⓮ $\frac{2}{5}$ ⓯ $\frac{5}{9}$
式 $1-\frac{4}{7}=\frac{3}{7}$ 答え $\frac{3}{7}$m

21
❶ 3000 ❷ 1000 ❸ 9
❹ 6 ❺ 3、600 ❻ 4、90
❼ 4300 ❽ 2150 ❾ 4、700
❿ 1、200 ⓫ 3、400 ⓬ 450
⓭ 100 ⓮ 6、600
式 150＋860＝1010 答え 1kg10g

22
❶ 47 ❷ 37 ❸ 75 ❹ 4
❺ 9 ❻ 49 ❼ 27 ❽ 103
❾ 23 ❿ 15

23
❶ 80 ❷ 320 ❸ 350
❹ 280 ❺ 540 ❻ 1380
❼ 2700 ❽ 2800 ❾ 4800
❿ 425 ⓫ 836 ⓬ 817
⓭ 899 ⓮ 702 ⓯ 576
式 28×34＝952 答え 952円

24
❶ 1710 ❷ 1449 ❸ 2730
❹ 2860 ❺ 2236 ❻ 6035
❼ 1794 ❽ 3572 ❾ 4292
❿ 1547 ⓫ 1485 ⓬ 3648
⓭ 4012 ⓮ 1743 ⓯ 3384
式 35×48＝1680 答え 1680本

25
❶ 7424 ❷ 9512 ❸ 8547
❹ 35672 ❺ 21754 ❻ 37329
❼ 30666 ❽ 15759 ❾ 32128
❿ 2650 ⓫ 2310 ⓬ 3060
⓭ 310 ⓮ 414 ⓯ 712
式 198×12＝2376 答え 2km376m

26
❶ 6762 ❷ 11690 ❸ 46020
❹ 29133 ❺ 12964 ❻ 57190
❼ 11324 ❽ 7470 ❾ 17613
❿ 26274 ⓫ 16958 ⓬ 77830
⓭ 31320 ⓮ 20757 ⓯ 22165
式 235×24＝5640
答え 5L640mL

27
❶ 528 ❷ 405 ❸ 447
❹ 648 ❺ 7.3 ❻ 5.6
❼ 72 ❽ 405 ❾ 1060
❿ 2574 ⓫ 17612 ⓬ 36040
⓭ 6 ⓮ 9 ⓯ 8 ⓰ 0
⓱ 4あまり3 ⓲ 7あまり1 ⓳ 1.1

28
❶ 406 ❷ 3852 ❸ 582
❹ 3959 ❺ 9 ❻ 11.7
❼ 330 ❽ 1461 ❾ 525
❿ 4452 ⓫ 67968 ⓬ 21252
⓭ 7 ⓮ 8 ⓯ 4 ⓰ 4
⓱ 6あまり3 ⓲ 6あまり5
式 65×8＝520 180＋520＝700
答え 700g

「小学教科書ワーク・
数と計算」で、
さらに練習しよう！

算数 3年

たんい (時

1秒	1分	1時間	1日
(1びょう)	(1ぷん)	(1じかん)	(1にち)
	1分＝60秒	1時間＝60分	1日＝24時間

ツバメが10mとぶのにかかる時間	車が1km進(すす)むのにかかる時間	東京から大阪(おおさか)まで飛行機(ひこうき)でかかる時間	地球(きゅう)が1回転(てん)する時間

60倍(ばい)　60倍　24倍

1mL	1dL	1L	1kL
(1ミリリットル)	(1デシリットル)	(1リットル)	(1キロリットル)
	1dL＝100mL	1L＝10dL 1L＝1000mL	1kL＝1000L
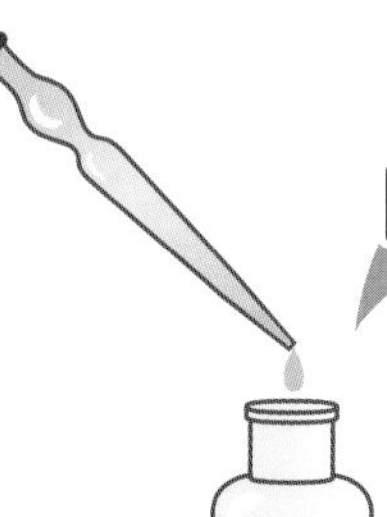			
スポイトではかる水	コップ1ぱいのジュース	パック1本の牛にゅう	おふろの水5回分(1回 200Lのとき)

100倍　10倍　1000倍

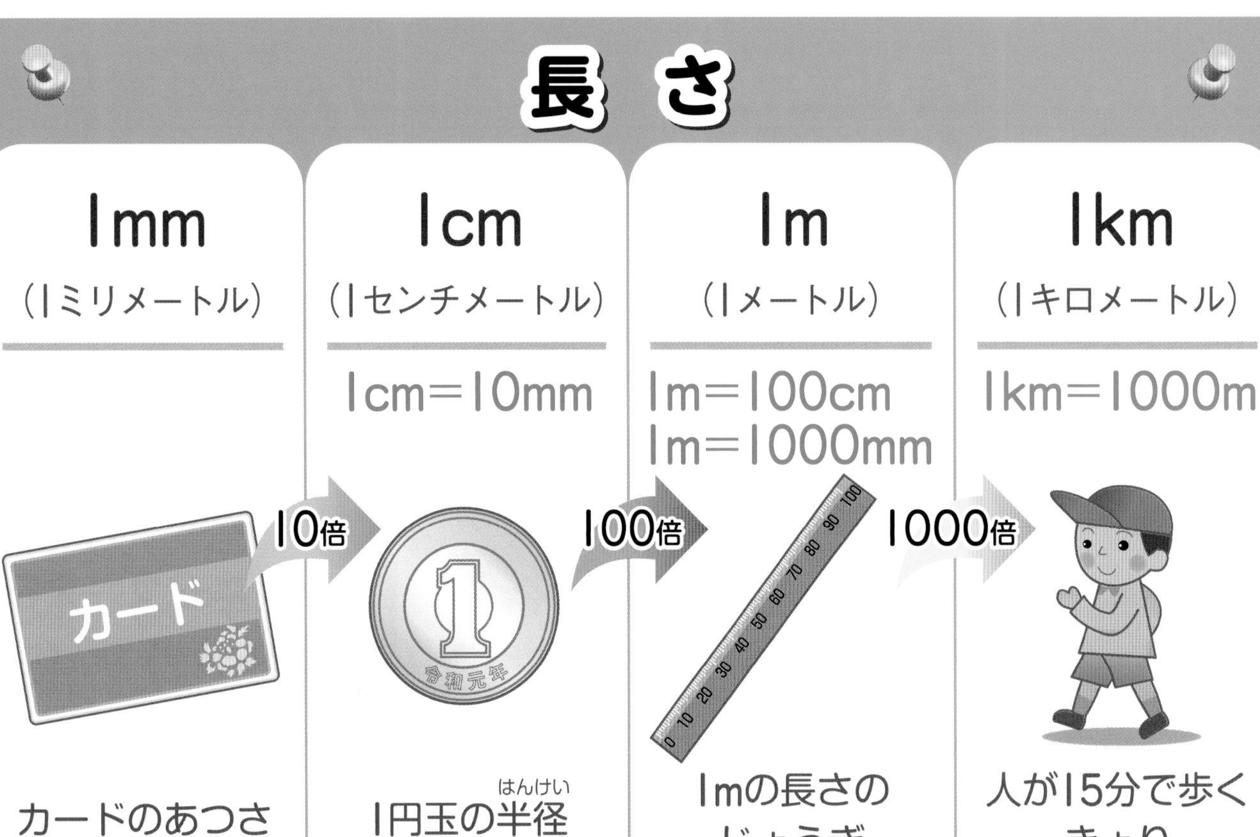

重さ

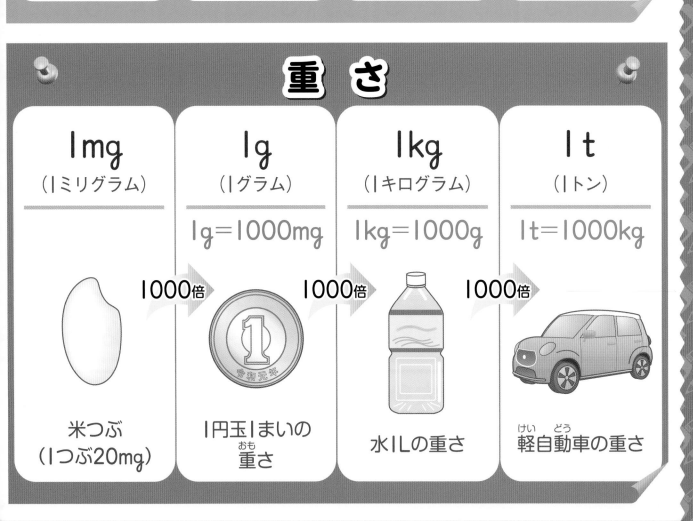

1mg	1g	1kg	1t
(1ミリグラム)	(1グラム)	(1キログラム)	(1トン)
	1g=1000mg	1kg=1000g	1t=1000kg
米つぶ(1つぶ20mg)	1円玉1まいの重さ	水1Lの重さ	軽自動車の重さ

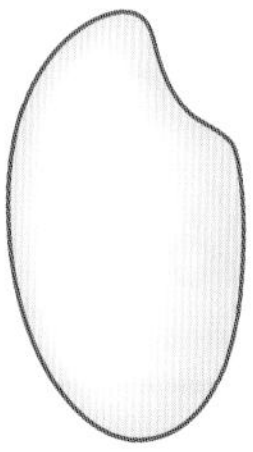

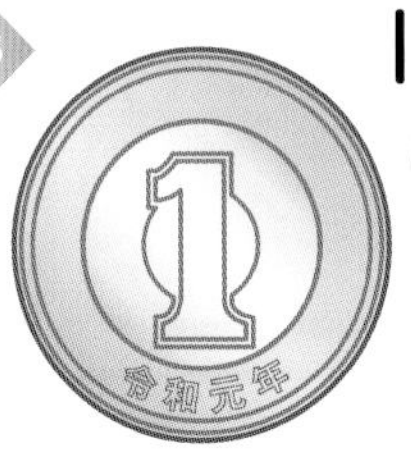

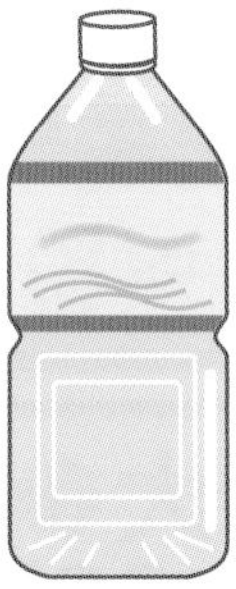

1000倍　1000倍　1000倍

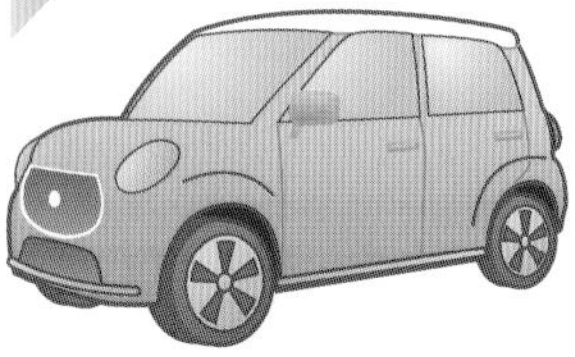

2 □にあてはまる数を書きましょう。 教科書 15ページ2

❶ 8×8の答えは、8×7の答えより □ 大きい。

❷ 6×8の答えは、6×9の答えより □ 小さい。

❸ 4×9＝4×8＋□

❹ 5×5＝5×6－□

❺ 6×2＝2×□

❻ 7×9＝□×7

＝のしるしは、＝の左がわと右がわの大きさが同じであることを表しているんだよ。

きほん3 「分配のきまり」がわかりますか。

☆ □にあてはまる数を書いて、6×9の答えを考えましょう。

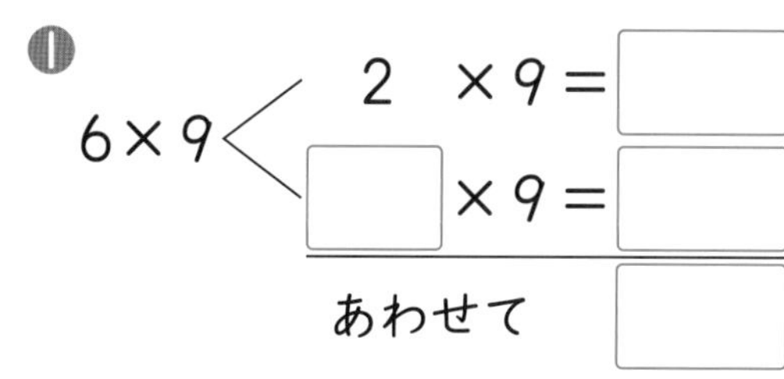

❶ 6×9 〈 2 ×9＝□ / □×9＝□

あわせて □

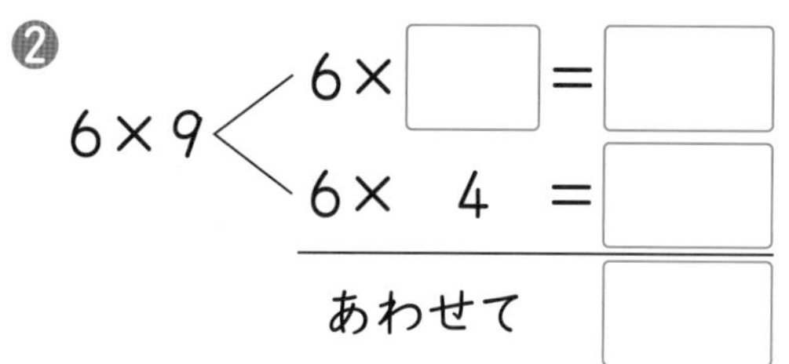

❷ 6×9 〈 6×□＝□ / 6× 4 ＝□

あわせて □

とき方 かけ算のきまりを使います。

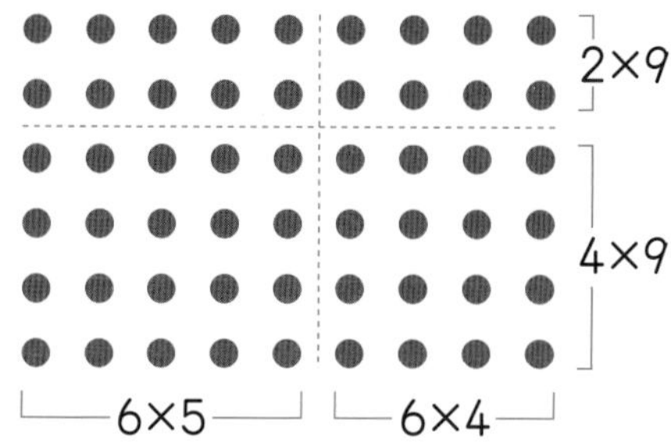

たいせつ

<分配のきまり>

かけ算では、かけられる数やかける数を分けて計算しても、答えは同じになります。

答え 問題文中に記入

3 □にあてはまる数を書きましょう。 教科書 17ページ3

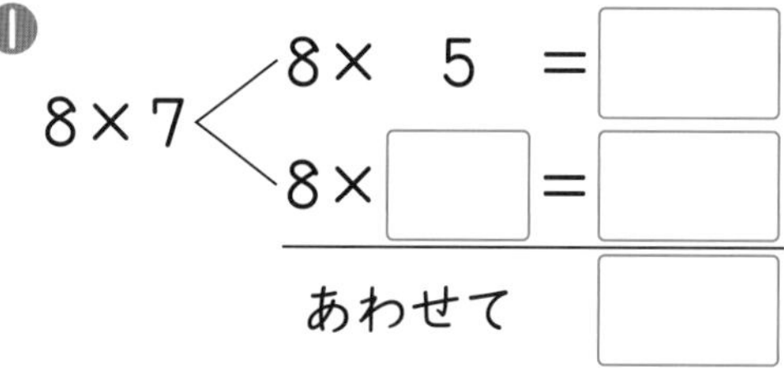

❶ 8×7 〈 8× 5 ＝□ / 8×□＝□

あわせて □

❷ 5×9 〈 3 ×9＝□ / □×9＝□

あわせて □

❸ 5×6＝(3×6)＋(□×6)

❹ 7×6＝(7×□)＋(7×2)

❸はかけられる数、❹はかける数を分けているね。

ポイント かける数と答えの関係、交かんのきまり、分配のきまりは、九九の表でたしかめることができます。九九の表を使ってたしかめてみましょう。

かけ算のきまり ［その2］

きほんのワーク

もくひょう
かけ算のきまり、何十や何百のかけ算のしかたを理かいしよう。

おわったらシールをはろう

教科書 上 19～22ページ　答え 1ページ

きほん1 「かけ算のきまりを使う」ことができますか。

☆ 12×3の答えをもとめましょう。

とき方 《1》12の3こ分と考えて、12＋12＋12＝□

《2》12×3＝3×12と考えて、

3ふえる　3ふえる　3ふえる

3×9＝27　3×10＝30　3×11＝□　3×12＝□

《3》分配(ぶんぱい)のきまりを使(つか)って、

12×3＜ 5 ×3＝□ / □×3＝□

あわせて □

どのかけ算のきまりを使っても、答えは同じになるね。

答え □

1 □にあてはまる数を書きましょう。　教科書 19ページ4

❶ 11×4＝□　❷ 14×2＝□

きほん2 「何十、何百のかけ算」ができますか。

☆ 次(つぎ)の代金(だいきん)は何円になるでしょうか。

❶ 1こ30円の消(け)しゴム2こ　❷ 1ふくろ400円のあめ3ふくろ

とき方 ❶ 代金をもとめる式(しき)は、□×2です。

30は10を3こあつめた数なので、

10が3×□＝□より、□こです。

3 ×2＝6
30×2＝60

❷ 式は、□×3です。400は100を4こあつめた数なので、100が□×□＝□より、□こです。

4 ×3＝12
400×3＝1200

答え ❶ □円　❷ □円

2 計算をしましょう。　教科書 20ページ5・6

❶ 60×8　❷ 90×7　❸ 700×4　❹ 800×6

さんすうはかせ　大きな数のかけ算でも、分配のきまりを使えば、九九をり用して答えをもとめることができるね。

きほん3 「3つの数のかけ算」のしかたがわかりますか。

☆あめを1ふくろに20こずつ入れて、1人に2ふくろずつ配(くば)ります。4人に配ると、あめは全部(ぜんぶ)で何こいるでしょうか。

とき方 《1》1人分のあめの数は、20×□＝□より、□こだから、4人分のあめの数は、□×□＝□より、□こいります。

1つの式に表(あらわ)すと、20×2×4＝160
（20×2：1人分のあめの数）

《2》4人分のふくろの数は、□×4＝□より、□ふくろだから、4人分のあめの数は、20×□＝□より、□こいります。

1つの式に表すと、20×(2×4)＝160
（2×4：4人分のふくろの数）

たいせつ
〈結合(けつごう)のきまり〉
かけ算では、前からじゅんにかけても、後の2つを先にかけても、答えは同じになります。

答え □こ

3 2通りのしかたで計算をしましょう。 教科書 21ページ7

❶ 4×2×4　❷ 3×2×2　❸ 30×2×4

きほん4 「かける数やかけられる数を見つける」ことができますか。

☆□にあてはまる数を書きましょう。 ❶ 4×□＝12 ❷ □×9＝27

とき方 ❶ 4のだんの九九をとなえて、じゅんに数をあてはめます。

4×1＝□　四一が4　4×2＝□　四二が8

4×3＝□　四三12 ⇨ □にあてはまる数は□

❷ 《1》数をじゅんにあてはめると、1×9＝□、2×9＝□、3×9＝□ ⇨ □にあてはまる数は□

《2》□×9＝27を9×□＝27と考えて、9×1＝□、9×2＝□、9×3＝□ ⇨ □にあてはまる数は□

答え ❶□ ❷□

4 □にあてはまる数を書きましょう。 教科書 22ページ8・9

❶ 3×□＝21　❷ □×9＝63

分配のきまり：かけ算では、かけられる数やかける数を分けて計算しても、答えは同じです。
結合のきまり：かけ算では、前からじゅんにかけても、後の2つを先にかけても、答えは同じです。

できた数
/30問中
おわったら
シールを
はろう

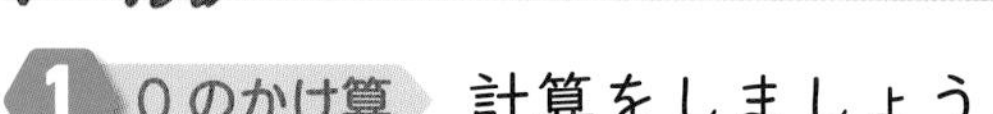

1 0のかけ算 計算をしましょう。

❶ 6×0　❷ 2×0

❸ 0×10　❹ 0×0

0のかけ算
どんな数に0をかけても、0にどんな数をかけても、答えは0です。

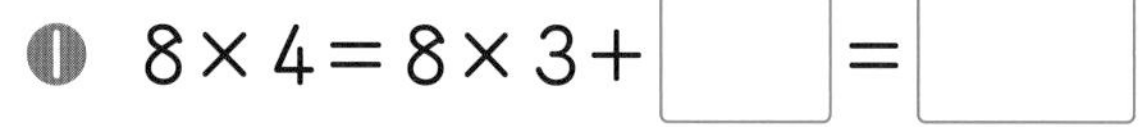

2 かけ算のきまり □にあてはまる数を書いて、8×4の答えをもとめましょう。

❶ 8×4＝8×3＋□＝□

❷ 8×4＝8×5－□＝□

❸ 8×4＝□×8＝□

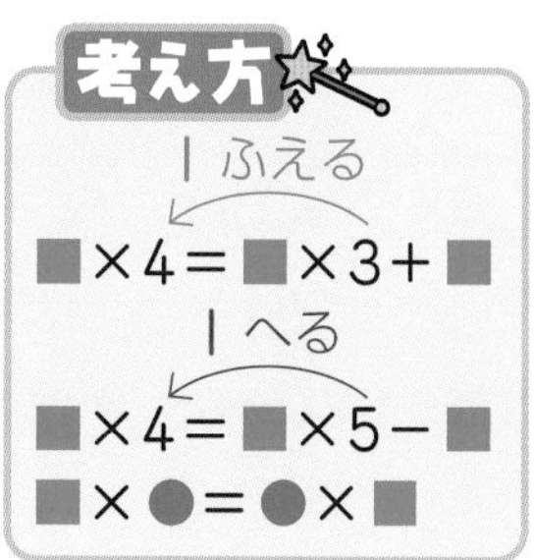

3 分配のきまり □にあてはまる数を書きましょう。

❶

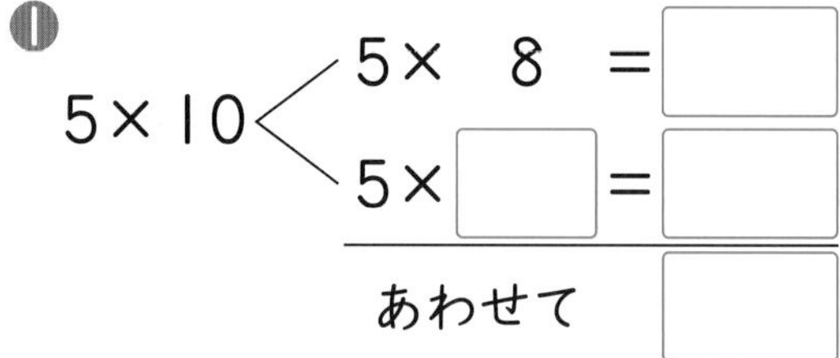

❷

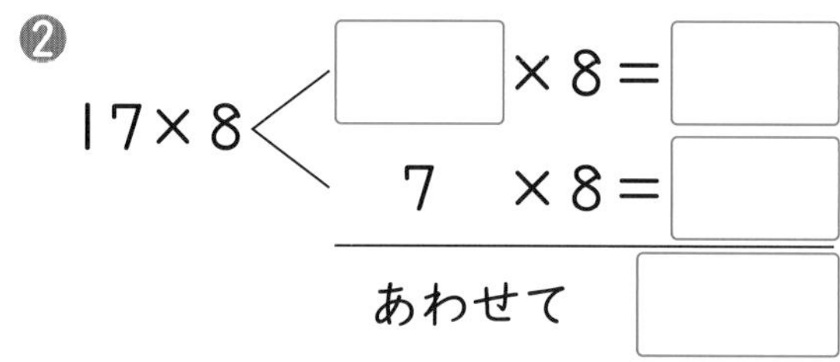

❸ 8×7＝(6×7)＋(□×7)　❹ 6×5＝(6×3)＋(6×□)

4 何十、何百のかけ算 計算をしましょう。

❶ 50×4　❷ 20×8　❸ 200×9

5 3つの数のかけ算 2通りのしかたで計算をしましょう。

❶ 4×2×5　❷ 20×3×2　❸ 40×4×2

6 かける数とかけられる数 □にあてはまる数を書きましょう。

❶ 2×□＝16　❷ 7×□＝63

2×6＝12、2×7＝14、…とじゅんに数をあてはめていき、2のだんの九九で、答えが16になる数を見つけます。

❸ □×5＝15　❹ □×6＝36

できるナビ　かけ算は、かけられる数やかける数を分けて計算することができます。

1 下の❶から❸は、九九の表（ひょう）の一部分（いちぶぶん）です。㋐から㋕にあてはまる数を書きましょう。 1つ6〔36点〕

❶

21	28	㋐
㋑	32	40
27	36	45

❷

35	40	45
42	㋒	54
49	56	㋓

❸

㋔	10	12
12	15	18
16	㋕	24

㋐（　　） ㋒（　　） ㋔（　　）

㋑（　　） ㋓（　　） ㋕（　　）

2 よく出る □にあてはまる数を書きましょう。 1つ6〔48点〕

❶ 6×□＝30

❷ 4×2＝□×4

❸ 5×7＝5×□＋5

❹ 7×3＝7×□－7

❺ 40×7＝□

❻ 900×3＝□

❼ 50×4×2＝50×(□×2)

❽ 5×2×3＝□

3 よく出る 右の図のように考えて、11×3の答えをもとめました。下の式（しき）の□にあてはまる数を書きましょう。 〔6点〕

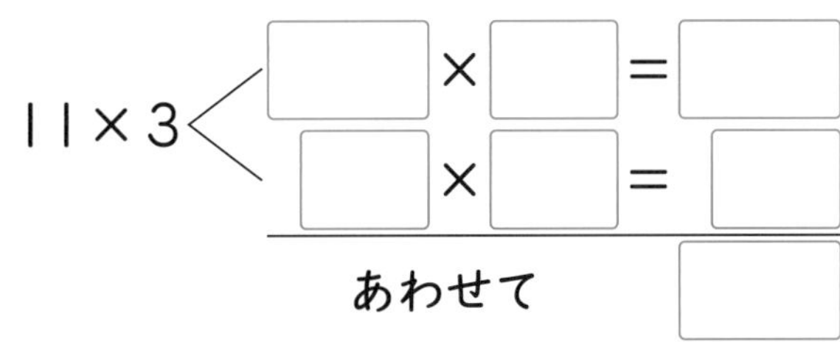

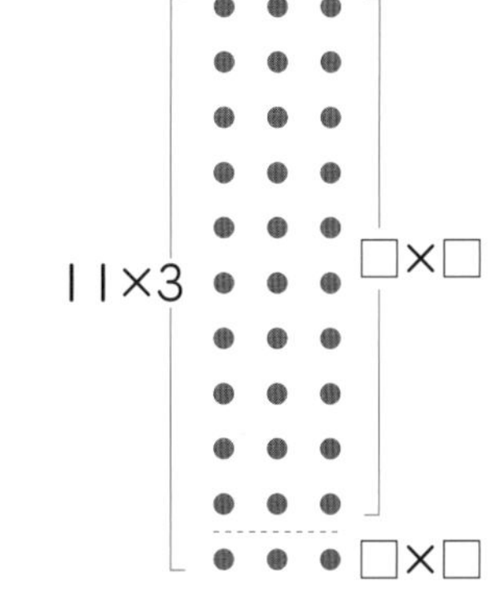

4 右の表は、ゆうきさんがおはじきで点とりゲームをしたときのけっかを表（あらわ）しています。とく点の合計をもとめましょう。 1つ5〔10点〕

ゆうきさんのけっか

入ったところ	3点	2点	1点	0点
入った数(こ)	0	3	2	5

式

答え（　　　）

ふろくの「計算練習ノート」2ページをやろう！

□かけ算のいろいろなきまりを使って、計算できたかな？
□何十・何百のかけ算ができたかな？

月　日

時こくと時間

きほんのワーク

もくひょう

時こくと時間のもとめ方や時間のたんいをきちんと理かいしよう。

おわったらシールをはろう

教科書 上 26～34ページ　答え 2ページ

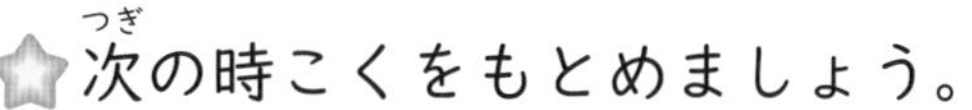

「時こく」を考えることができますか。

☆ 次(つぎ)の時こくをもとめましょう。

❶ 午前10時40分から50分後の時こく

❷ 午後7時20分から45分前の時こく

とき方　時間を直線に表(あらわ)した図を使(つか)うとわかりやすくなります。

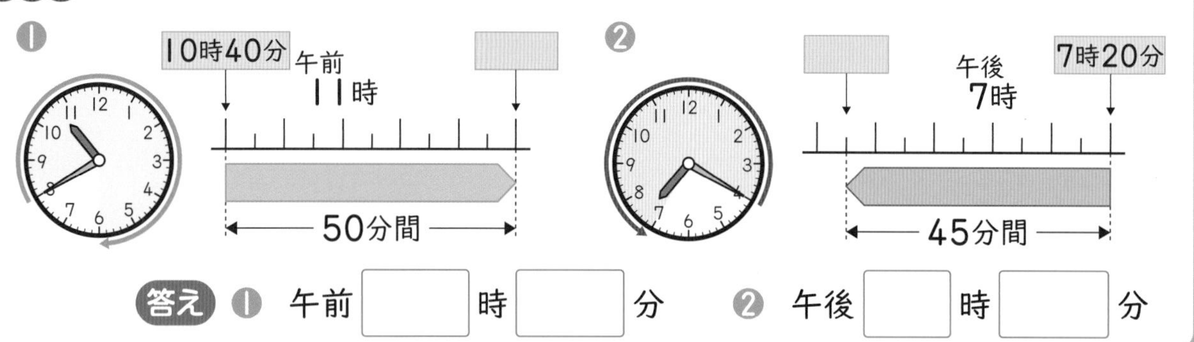

答え　❶ 午前 [　] 時 [　] 分　❷ 午後 [　] 時 [　] 分

1 午前8時30分から55分後の時こくをもとめましょう。　教科書 27ページ 1

(　　　　)

2 午後3時40分から1時間20分後の時こくをもとめましょう。　教科書 27ページ 1

(　　　　)

3 午後2時40分の45分前の時こくをもとめましょう。　教科書 32ページ 2

(　　　　)

さんすうはかせ　明治時代(めいじじだい)より前の日本では、日の出から日の入りまでを昼、それ以外(いがい)を夜ときめ、それぞれを6等分(とうぶん)したので、きせつによって1時間の長さがちがったんだよ。

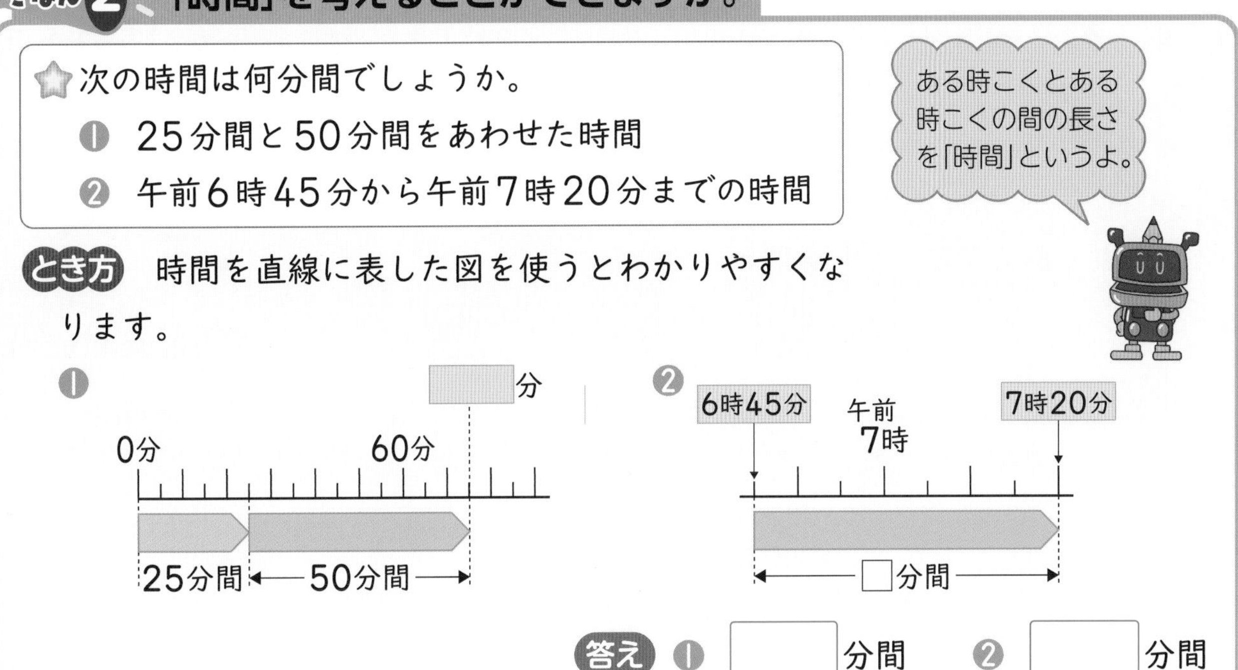

4 次の問題に答えましょう。 教科書 33ページ3・4

❶ 30分間と25分間をあわせた時間は何分間でしょうか。

（　　　　）

❷ 午前11時30分から午後2時までの時間は何時間何分でしょうか。

（　　　　）

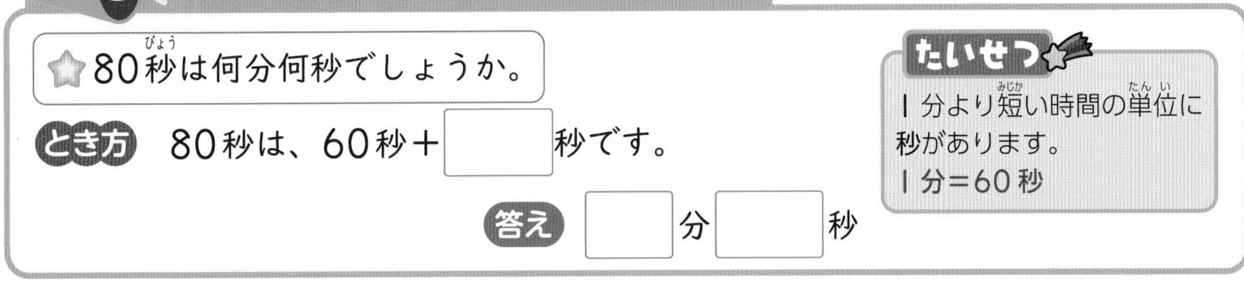

5 90秒は何分何秒でしょうか。 教科書 34ページ5

90秒の中に60秒は何こあるかな。

（　　　　）

6 3分は何秒でしょうか。 教科書 34ページ5

3分は、1分が3こ分だね。

（　　　　）

ポイント 時こくや時間をもとめるときは、時間を直線に表した図を使うとわかりやすくなります。
また、1時間＝60分、1分＝60秒の関係をしっかりおぼえましょう。

勉強した日　月　日

練習のワーク

教科書 ㊤26〜37ページ　答え 3ページ

できた数　/10問中

おわったらシールをはろう

1 時こく　次の時こくをもとめましょう。

❶ 午前9時45分から1時間10分後の時こく

（　　　　　）

❷ 午後4時10分の35分前の時こく

（　　　　　）

考え方
❶ 午前9時45分
↓ 1時間後
午前10時45分
↓ 10分後
午前10時55分

2 時間　次の時間をもとめましょう。

❶ 45分間と55分間をあわせた時間　（　　　　　）

❷ 午後1時30分から午後2時20分までの時間　（　　　　　）

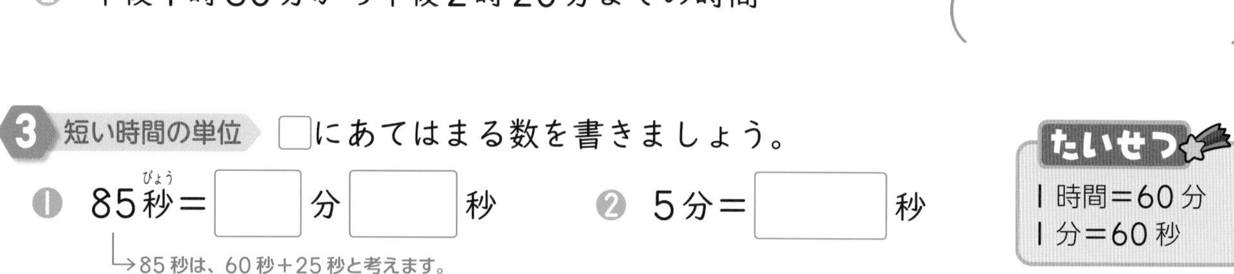

3 短い時間の単位　□にあてはまる数を書きましょう。

❶ 85秒＝□分□秒　　❷ 5分＝□秒

→85秒は、60秒＋25秒と考えます。

たいせつ
1時間＝60分
1分＝60秒

4 時間の長さ　どちらの時間が長いでしょうか。長いほうの時間を○でかこみましょう。

→まずは単位をそろえてみましょう。

❶ （2分、110秒）　　❷ （75秒、1分25秒）

5 時こくと時間　あきこさんは、午前10時50分に家を出て、バスていまで25分間歩き、バスに40分間乗って博物館に行きました。

❶ あきこさんが歩いた時間とバスに乗っていた時間は、あわせて何時間何分でしょうか。

（　　　　　）

❷ あきこさんが、博物館に着いたのは、午前何時何分でしょうか。

（　　　　　）

午前10時50分から65分後の時こくを考えればいいね。

できるナビ　時こくや時間をもとめるとき、図をかくとわかりやすくなります。

教科書 ㊤26〜37ページ　答え 3ページ

時間20分　とく点　/100点　おわったらシールをはろう

1 次の時こくをもとめましょう。　1つ8〔16点〕

❶ 午後2時20分から50分後の時こく　(　　　)

❷ 午前11時10分の30分前の時こく　(　　　)

2 次の時間をもとめましょう。　1つ8〔24点〕

❶ 35分間と30分間をあわせた時間　(　　　)

❷ 午前9時30分から午前10時10分までの時間　(　　　)

❸ 午後0時50分から午後2時30分までの時間　(　　　)

3 よく出る □にあてはまる数を書きましょう。　1つ6〔24点〕

❶ 110秒＝□分□秒　❷ 6分＝□秒

❸ 2分15秒＝□秒　❹ 3分40秒＝□秒

4 ゆりさんは、おばさんの家に行くのに、家から45分間歩いて、午前10時25分に着きました。家を出たのは午前何時何分でしょうか。　〔12点〕

(　　　)

5 □にあてはまる単位を書きましょう。　1つ8〔24点〕

❶ 遠足で歩いた時間　2□

❷ 100mを走るのにかかった時間　18□

❸ 昼休みの時間　45□

ふろくの「計算練習ノート」5ページをやろう！

□時こくや時間をもとめる計算ができたかな？
□時間の単位がわかったかな？

たし算とひき算 [その1]

きほんのワーク

もくひょう
けた数の多い数のたし算の筆算のしかたを学習しよう。

おわったら シールを はろう

教科書 上 38〜44ページ　答え 3ページ

ふくしゅう　できるかな？

れい 35＋69 を計算しましょう。

考え方

```
   ①
   3 5
 + 6 9
 1 0 4
```

5＋9＝14
十の位(くらい)に1くり上げる。
1＋3＋6＝10
百の位に1くり上げる。

問題 次(つぎ)の計算をしましょう。

❶ 48＋28　　❷ 82＋39

きほん1 「3けた＋3けたの計算」ができますか。

☆ 352円のケーキと285円のおかしを買います。代金(だいきん)は何円になるでしょうか。

とき方 図をかいて考えます。

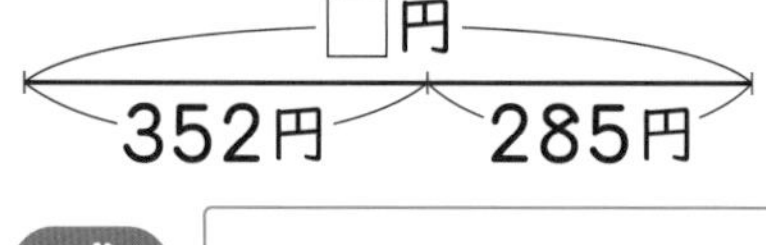

式 [　　　　]

答え [　　　] 円

352＋285 → 百の位□ 352＋285＝□7 → 352＋285＝□37

位をそろえて書き、一の位から位ごとに計算する。

5＋8＝13 → 百の位に1くり上げる。

1＋3＋2＝6

1 415円の本と128円のノートを買います。代金は何円になるでしょうか。

教科書 39ページ1

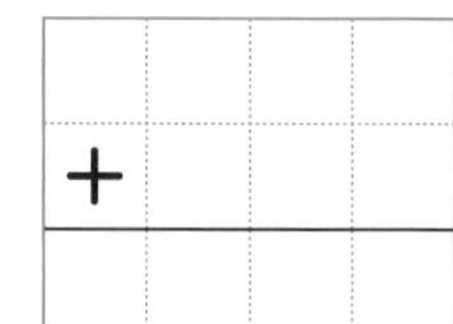

式

答え（　　　　　　）

2 計算をしましょう。

教科書 39ページ1 41ページ2

❶ 405＋284　　❷ 529＋338　　❸ 384＋275　　❹ 692＋164

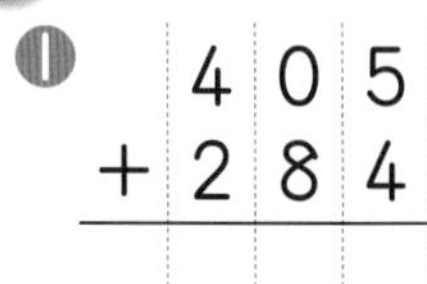

答えのたしかめをしましょう。→ たすじゅんじょを入れかえて計算するよ。 ❸ 275＋384

1489年「計算親方」とよばれたドイツのウィッドマンが、ライプチヒで発表(はっぴょう)した書物(しょもつ)の中で「＋」や「－」の記号(きごう)を使(つか)いだしたんだよ。

きほん2 「いろいろな３けたの数のたし算」ができますか。

☆965＋238の計算をしましょう。

とき方

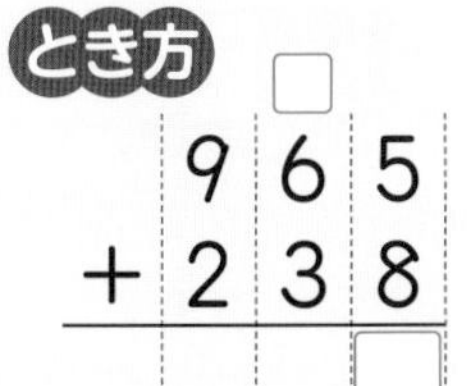

5+8=13
十の位に１くり上げる。

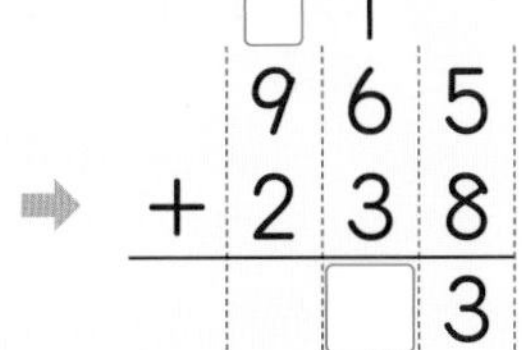

1+6+3=10
百の位に１くり上げる。

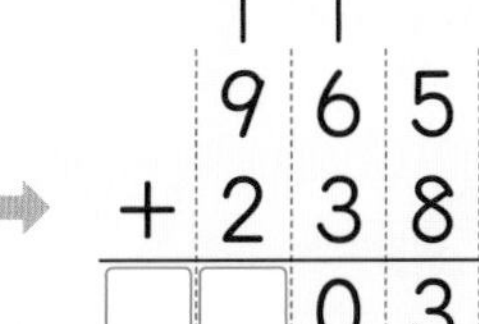

1+9+2=12
千の位に１くり上げる。

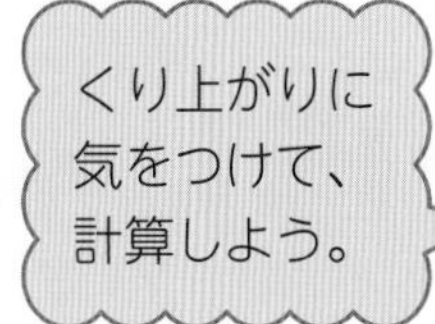

くり上がりに
気をつけて、
計算しよう。

答え ［　　　］

3 計算をしましょう。

教科書 41ページ2 44ページ3

❶ 354＋269

❷ 476＋34

❸ 985＋17

❹ 692＋814

❺ 556＋789

❻ 781＋643

計算する前に、答えがどれくらいになるか見当をつけよう。
❶ 300＋200＝500 だから、500 より大きくなるね。

きほん3 「４けた＋４けたの計算」ができますか。

☆2593＋4762の計算をしましょう。

とき方 位をそろえて、筆算(ひっさん)の形で書いて、一の位から計算します。けた数がふえても計算のしかたは同じです。

$$\begin{array}{r} 2593 \\ +\,4762 \\ \hline \square \end{array}$$

3+2=5

$$\begin{array}{r} 2593 \\ +\,4762 \\ \hline \square 5 \end{array}$$

9+6=15
百の位に１くり上げる。

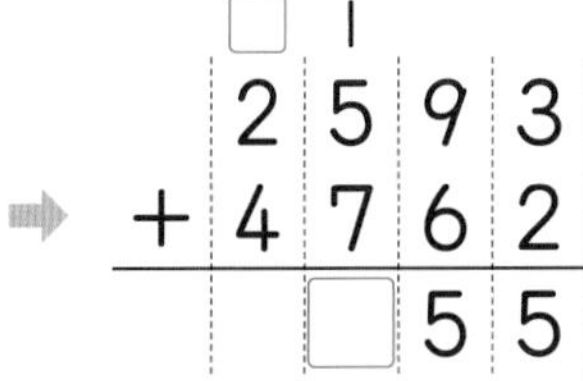

1+5+7=13
千の位に１くり上げる。

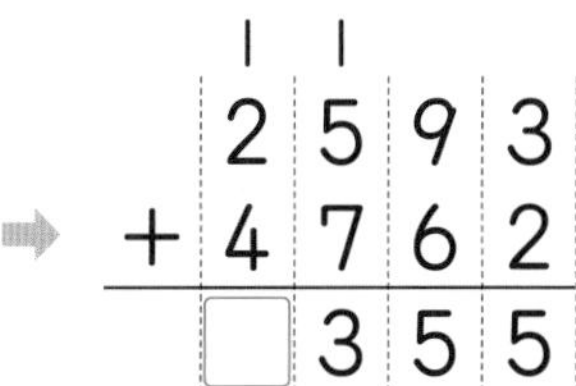

1+2+4=7
千の位の計算をする。

答え ［　　　］

4 計算をしましょう。

教科書 44ページ4

❶ 1396＋5402

❷ 3748＋2165

❸ 6589＋1243

❹ 4792＋2518

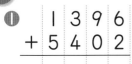

ポイント 筆算のしかたは、けた数がふえても同じです。筆算ですると、位をたてにそろえて計算できるので、位ごとの計算がしやすくなります。

勉強した日 月 日

たし算とひき算 [その2]

きほんのワーク

もくひょう
けた数の多い数のひき算の筆算のしかたを学習しよう。

おわったらシールをはろう

教科書 上 45～49ページ　答え 3ページ

ふくしゅう できるかな？

れい 63－24を計算しましょう。

考え方

```
   5①
   6 3
 － 2 4
 ─────
   3 9
```

十の位（くらい）から1くり下げる。
13－4＝9
十の位は、5－2＝3

問題 次（つぎ）の計算をしましょう。

❶ 96－48

❷ 108－39

きほん1 「3けたの数のひき算」ができますか。

☆325円あります。158円のパンを買うと、のこりは何円になるでしょうか。

とき方 図をかいて考えます。

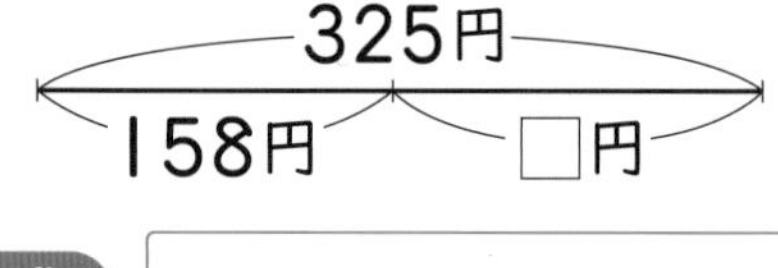

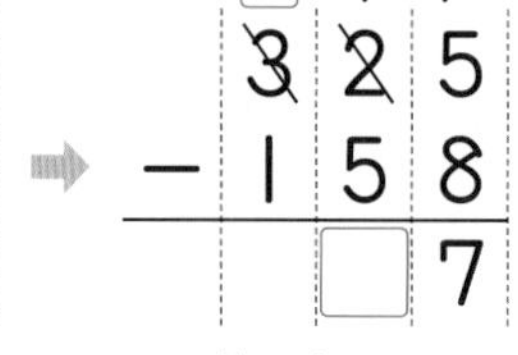

```
   1 □          □ 1 1         2 1 1
   3 2 5        3 2 5         3 2 5
 － 1 5 8     － 1 5 8      － 1 5 8
 ───────      ───────       ───────
       □        □   7         □ 6 7
```

十の位から1くり下げる。15－8＝7

百の位から1くり下げる。11－5＝6

2－1＝1

式

答え　　円

1 遊園地（ゆうえんち）に492人の人がいます。そのうち、おとなは178人です。子どもは何人いるでしょうか。 教科書 45ページ5

式

答え（　　　　）

2 計算をしましょう。 教科書 45ページ5 47ページ6

❶ 675－328

❷ 372－124

❸ 891－249

❹ 463－292

❺ 514－237

❻ 745－466

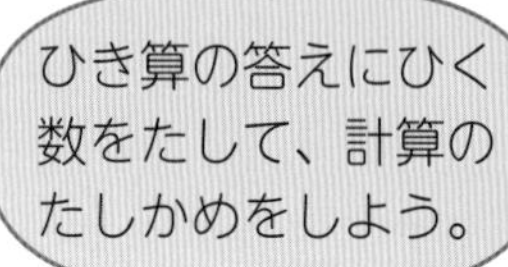

ひき算の答えにひく数をたして、計算のたしかめをしよう。

さんすうはかせ
フランスの数学者であるヴィエタ（1540～1603）によって、「＋」「－」の記号（きごう）がいっぱんに使（つか）われるようになったといわれているんだよ。

きほん2 「じゅんにくり下がるひき算」ができますか。

☆301－183の計算をしましょう。

とき方　十の位が0でくり下げられないときは、百の位からくり下げます。

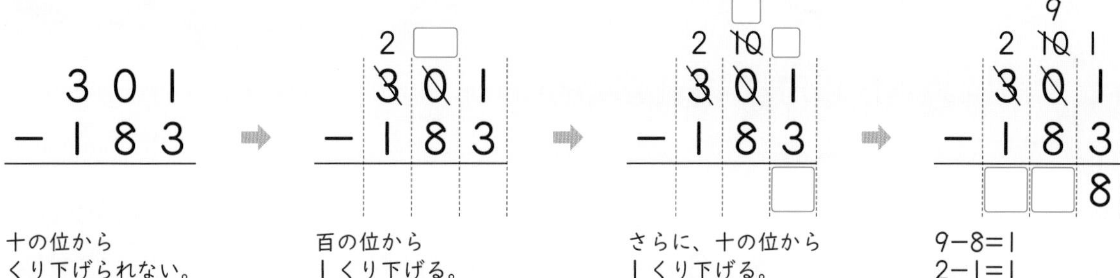

十の位から
くり下げられない。

百の位から
1くり下げる。

さらに、十の位から
1くり下げる。
11－3＝8

9－8＝1
2－1＝1

たいせつ
十の位からくり下げられないときは、百の位からじゅんにくり下げます。

答え

3 計算をしましょう。

教科書 47ページ7 48ページ8

❶ 405－148
❷ 602－364
❸ 500－198
❹ 200－9
❺ 1000－589
❻ 1000－387

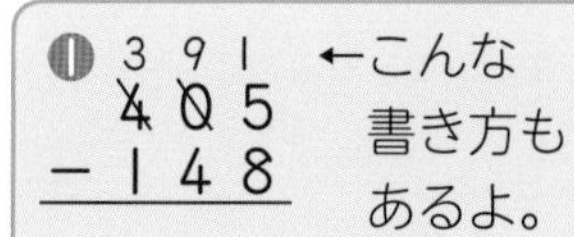

きほん3 「4けたの数のひき算」ができますか。

☆5249－3786の計算をしましょう。

とき方

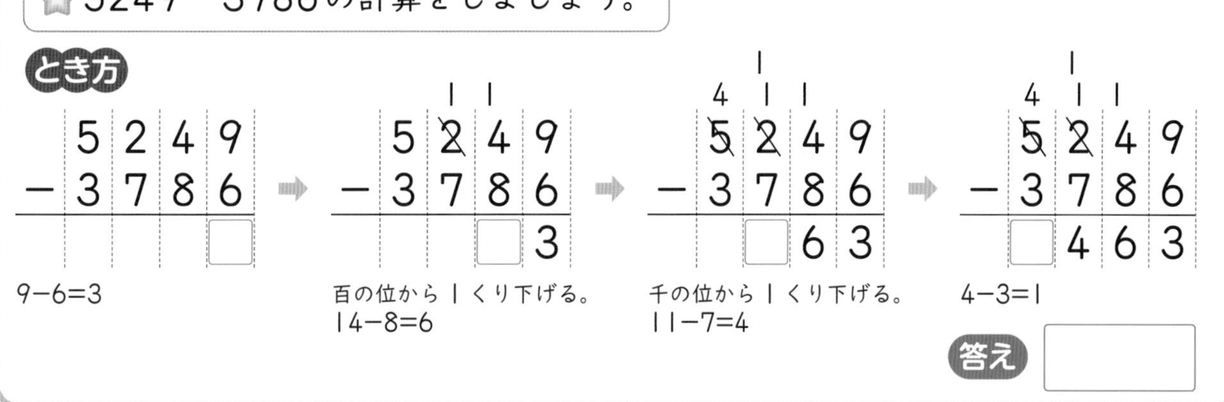

9－6＝3

百の位から1くり下げる。
14－8＝6

千の位から1くり下げる。
11－7＝4

4－3＝1

答え

4 計算をしましょう。

教科書 49ページ9・10

❶ 1385－742
❷ 3267－675
❸ 9146－7387
❹ 7545－6769

ポイント
ひき算の筆算（ひっさん）のしかたを学習（がくしゅう）します。数が大きくなっても筆算のしかたは同じです。上の位からのくり下がりに注意（ちゅうい）して計算しましょう。

たし算とひき算 [その3]

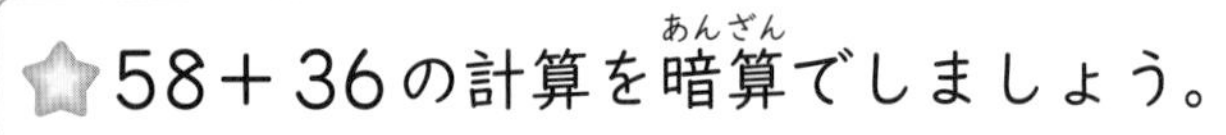

もくひょう

暗算のしかたやくふうして計算するしかたを学習しよう。

おわったらシールをはろう

教科書 上 50〜52ページ　答え 3ページ

きほん1 「暗算でたし算」ができますか。

☆58＋36の計算を暗算（あんざん）でしましょう。

とき方 《1》たす数の36を30と[　]に分けて計算すると、

58＋30＝88　88＋[　]＝[　]

《2》58は、[　]と8をあわせた数で、

36は、[　]と6をあわせた数だから、

50＋30より、[　]と、8＋6より、[　]をあわせた数に

なるので、[　]＋[　]＝[　]　答え [　]

1 暗算でしましょう。　教科書 50ページ11

❶ 23＋48　❷ 47＋19

❸ 35＋26　❹ 63＋27

十の位（くらい）と一の位の数を分けてみると計算しやすいよ。

きほん2 「暗算でひき算」ができますか。

☆76－38の計算を暗算でしましょう。

とき方 《1》ひく数の38を30と[　]に分けて考えると、

76－30＝46　46－[　]＝[　]です。

《2》38を40とみて考えると、

76－40＝36　36＋[　]＝[　]　答え [　]

2 暗算でしましょう。　教科書 50ページ12

❶ 87－29　❷ 70－36

❸ 92－65　❹ 54－39

ひく数を何十と１けたの数に分けるといいね。

さんすうはかせ　たされる数とたす数を入れかえても答えが同じになることを「交換法則（こうかんほうそく）」、3つよりも多い数のたし算でたすじゅん番をかえても答えが同じになることを「結合法則（けつごうほうそく）」というよ。

きほん3 「くふうしたたし算やひき算」ができますか。

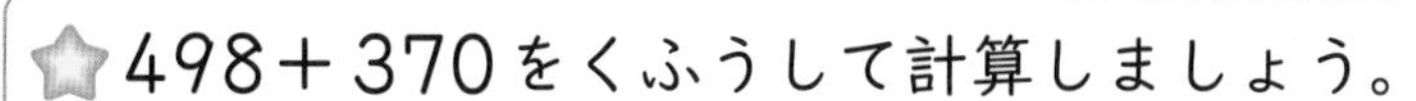
☆498＋370をくふうして計算しましょう。

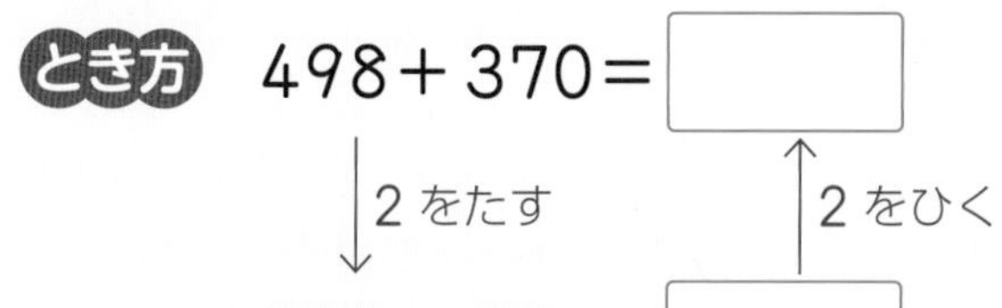
とき方　498＋370＝□
↓2をたす　↑2をひく
500＋370＝□

答え □

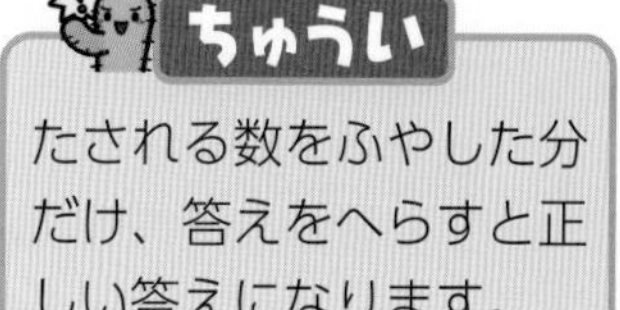

ちゅうい
たされる数をふやした分だけ、答えをへらすと正しい答えになります。

3 くふうして計算しましょう。 教科書 51ページ13

❶ 297＋340　❷ 580＋198

❸ 800−598　❹ 1000−394

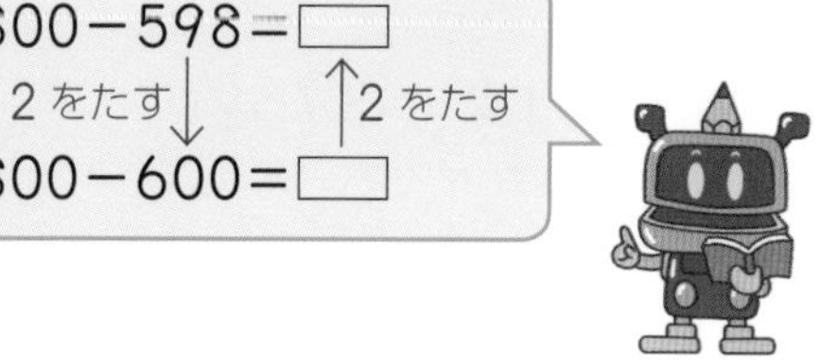

きほん4 「3つの数のたし算のくふう」がわかりますか。

☆536＋247＋53の計算をくふうしてしましょう。

とき方　まず2つの数のたし算をします。

《1》前からじゅんにたします。

536＋247＝□　□＋53＝□

《2》後の2つの数をたすときりのよい数になるから、

247＋53＝□　536＋□＝□

答え □

たし算では、たすじゅん番をかえても答えは同じになります。

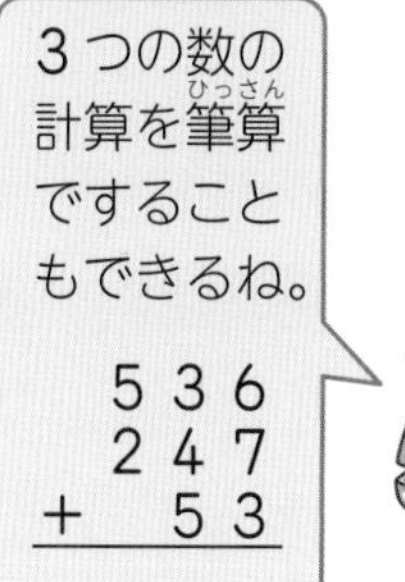

4 くふうして計算しましょう。 教科書 52ページ14

❶ 286＋78＋22　❷ 453＋349＋51

❸ 127＋596＋873　❹ 426＋379＋121

❺ 329＋75＋71　❻ 233＋348＋267

ポイント　数のしくみを使(つか)ってくふうすると、暗算でたし算やひき算ができるようになります。自分のやりやすい暗算のしかたを見つけていきましょう。

勉強した日　月　日

1 3けた・4けたの数の計算　計算をしましょう。

❶ 368＋254　❷ 628＋793　❸ 465－182

❹ 801－577　❺ 3825＋298　❻ 4078＋4932

❼ 5014－3762　❽ 6004－3189

2 3けたの数の計算　正しい筆算(ひっさん)となるように、□にあてはまる数を書きましょう。

❶
```
   3 6 □
 + 2 □ 5
 -------
   6 0 0
```

❷
```
   5 3 □
 - □ 2 6
 -------
   2 0 8
```

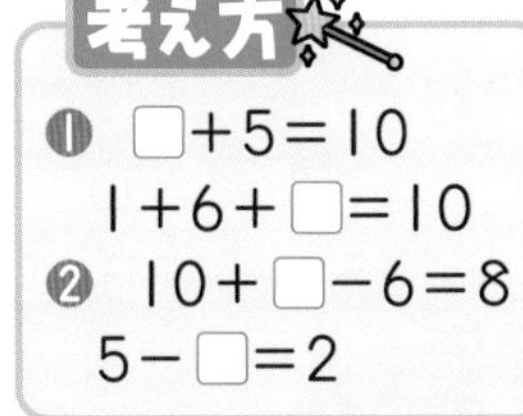

3 計算のくふう　くふうして計算しましょう。

❶ 399＋280　❷ 1000－797　❸ 378＋163＋37

4 3けたの数の計算　赤い色紙が346まいあります。青い色紙は赤い色紙より157まい多いです。青い色紙は何まいあるでしょうか。

式

答え（　　　　　　）

5 4けたの数の計算　工場のそう庫に品物(しなもの)が7248こ入っていました。このうち3657こを外に運(はこ)び出しました。そう庫にのこっている品物は何こになるでしょうか。

式

答え（　　　　　　）

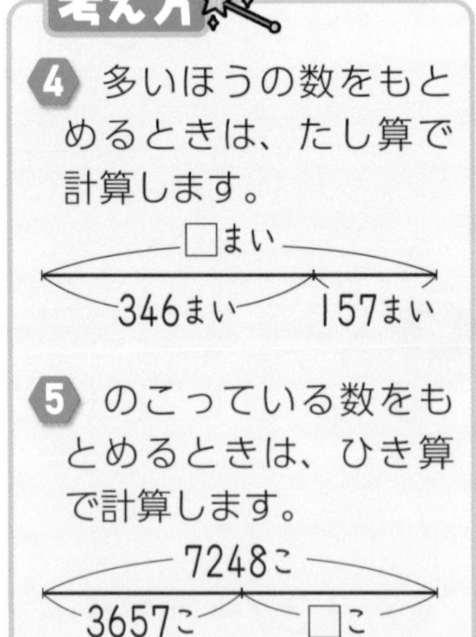

考え方
4 多いほうの数をもとめるときは、たし算で計算します。
□まい
346まい
157まい
5 のこっている数をもとめるときは、ひき算で計算します。
7248こ
3657こ
□こ

できるナビ　けた数の多い計算は、筆算で計算するようにしよう。

まとめのテスト

教科書 上 38～55ページ　答え 4ページ

とく点 /100点

おわったらシールをはろう

1 よく出る 計算をしましょう。 1つ6〔18点〕

❶ 618＋532　❷ 328－249　❸ 603－327

2 よく出る 計算をしましょう。 1つ6〔36点〕

❶ 429＋1315　❷ 2342＋89

❸ 3025＋1735　❹ 3254－2068

❺ 5285－99　❻ 7000－1826

3 くふうして計算しましょう。 1つ6〔12点〕

❶ 600－495　❷ 258＋473＋142

4 ゆかりさんは1000円持(も)っています。624円の本を買いました。のこりは何円になるでしょうか。 1つ7〔14点〕

式

答え（　　　）

5 ある学校では、コピー用紙を、先週は1755まい、今週は2352まい使(つか)いました。

❶ 先週と今週で、あわせて何まいのコピー用紙を使ったでしょうか。 1つ5〔20点〕

式

答え（　　　）

❷ 先週と今週で、使ったまい数のちがいは何まいでしょうか。

式

答え（　　　）

ふろくの「計算練習ノート」6～8ページをやろう！

□3けたや4けたの数のたし算・ひき算ができたかな？
□たし算とひき算をくふうして計算できたかな？

勉強した日 月 日

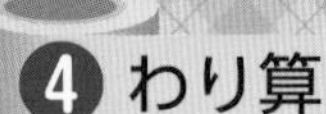

わり算 [その1]

きほんのワーク

もくひょう：わり算を使って、「いくつ分」をもとめられるようにしよう。

おわったら シールを はろう

教科書 上 56~59ページ　答え 4ページ

きほん1 「いくつ分をもとめる式」がわかりますか。

☆ あめが15こあります。1人に5こずつ分けると、何人に分けられるでしょうか。わり算の式に表して、答えをもとめましょう。

とき方 15このあめを、1人に5こずつ分けると、

□人に分けられます。このことを式で書くと、

□÷□＝□となります。

15 わる 5 は 3

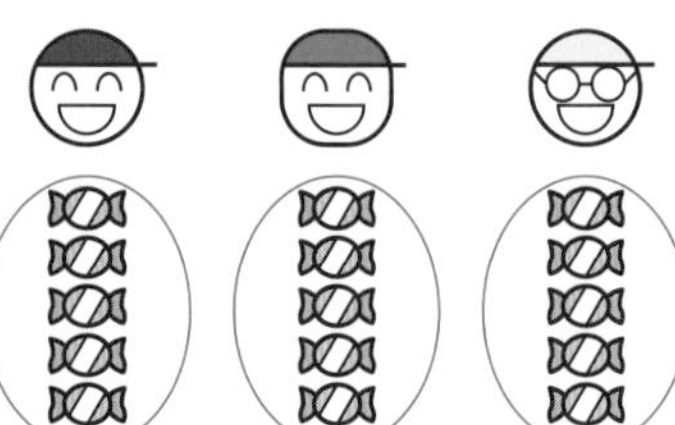

このような計算を「わり算」といいます。

「÷」の記号は、「一→∸→÷」のじゅんに書きます。

答え □人

1 次の問題の答えをもとめるわり算の式を書きましょう。 教科書 57ページ1

① えんぴつが10本あります。1人に5本ずつ分けると、何人に分けられるでしょうか。
（　　　　）

② なしが8こあります。1箱に4こずつ入れると、何箱に分けられるでしょうか。
（　　　　）

③ 紙テープが21mあります。1人に7mずつ分けると、何人に分けられるでしょうか。
（　　　　）

きほん2 「わり算の答えのもとめ方」は、どのようにしたらよいですか。

☆ あめが36こあります。1人に9こずつ分けると、何人に分けられるでしょうか。

とき方 式は、□÷9です。答えは、9×□＝36の□にあてはまる数なので、9のだんの九九で見つけます。

□÷9＝□
全部の数　1人分の数　いくつ分

答え □人

	1人分の数	×	いくつ分	=	全部の数
1人分…	9	×	1	=	9
2人分…	9	×	2	=	18
3人分…	9	×	3	=	27
4人分…	9	×	4	=	36

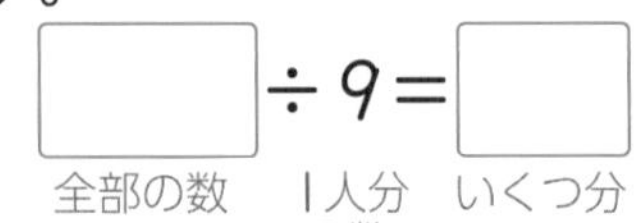

さんすうはかせ 【わり算の記号(1)】「÷」の記号は、1659年にスイスのラーンという人がはじめて使ったんだよ。

2 □にあてはまる数を書きましょう。　教科書 59ページ2

❶ 72÷9の答えは、9×□＝72なので、□です。

❷ 49÷7の答えは、7×□＝49なので、□です。

❶は9のだん、❷は7のだんの九九で見つけよう。

3 次のわり算の答えをもとめるためには、何のだんの九九を使うでしょうか。また、答えはいくつでしょうか。　教科書 59ページ2

❶ 16÷2　だん（　　）　答え（　　）

❷ 30÷5　だん（　　）　答え（　　）

4 計算をしましょう。　教科書 59ページ2

❶ 14÷2　❷ 30÷6　❸ 64÷8

❹ 18÷3　❺ 14÷7　❻ 20÷4

❼ 35÷5　❽ 18÷9　❾ 10÷2

5 おり紙が32まいあります。1人に8まいずつ分けると、何人に分けられるでしょうか。　教科書 59ページ2

いくつ分をもとめるから
32 ÷ 8 だね。
全部の数　1つ分の数

式

答え（　　）

6 みかんが54こあります。1ふくろに9こずつ入れると、何ふくろに分けられるでしょうか。　教科書 59ページ2

みかん

式

答え（　　）

7 テープが63cmあります。1人に9cmずつ分けると、何人に分けられるでしょうか。　教科書 59ページ2

式

答え（　　）

ポイント　わり算の答えを見つけるために、かけ算の九九を使います。かけ算の九九を、1のだんから9のだんまでしっかりおぼえていることが大切です。

月　日

わり算 [その2]

きほんのワーク

もくひょう

いろいろなわり算のきまりと、計算のしかたを学習しよう。

おわったらシールをはろう

教科書 上 60〜65ページ　答え 4ページ

きほん1 「1人分の数をもとめる式」がわかりますか。

☆クッキーが24こあります。4人で同じ数ずつ分けると、1人分は何こになるでしょうか。

とき方 式（しき）は、□÷4です。答えは、□×4＝24の□にあてはまる数なので、4のだんの九九で見つけます。

1人分の数 × いくつ分 ＝ 全部（ぜんぶ）の数
6 × 4 ＝ 24

□÷4＝□

答え □こ

たいせつ
わり算の式で、それぞれの数を右のようにいいます。
24（わられる数）÷4（わる数）＝6

1 ボールが42こあります。7この箱（はこ）に同じ数ずつ入れると、1この箱には何このボールが入るでしょうか。

式

教科書 62ページ4

□×7＝42の□にあてはまる数を考えよう。

答え（　　　）

2 12dLのジュースを6人で同じかさずつ分けます。1人分は何dLになるでしょうか。

教科書 62ページ4

式

答え（　　　）

3 15÷3の式になる問題（もんだい）をつくりましょう。

教科書 63ページ5 64ページ6

（　　　）

いくつ分をもとめるわり算と1つ分の数をもとめるわり算があるんだね。

【わり算の記号（きごう）(2)】「÷」はイギリスやアメリカ合衆国（がっしゅうこく）などで使（つか）われているけれど、世界中（せかいじゅう）で通じる記号ではなく、「：」が使われている国もあるよ。

きほん2 0のわり算には、どんなきまりがありますか。

☆0÷6を計算しましょう。

とき方　答えは、6×□＝0の□にあてはまる数だから、［　］になります。

たいせつ
0を、0でないどんな数でわっても、答えはいつも0です。

答え［　］

4 ふくろの中のあめを6人で同じ数ずつ分けます。　教科書 65ページ7

❶ あめが6こ入っているとき、1人分は何こになるでしょうか。

式

答え（　　　）

❷ あめが1こも入っていないとき、1人分は何こになるでしょうか。

式

答え（　　　）

5 計算をしましょう。　教科書 65ページ7

❶ 0÷4　❷ 0÷2　❸ 0÷5　❹ 0÷8

きほん3 1のわり算にはどんなきまりがありますか。

☆3÷1を計算しましょう。

とき方　答えは、1×□＝3の□にあてはまる数だから、［　］になります。

たいせつ
わる数が1のときは、答えはわられる数と同じになります。

答え［　］

6 7本のえんぴつを1人に1本ずつ配（くば）ると、何人に分けられるでしょうか。

教科書 65ページ8

式

答え（　　　）

7 計算をしましょう。　教科書 65ページ8

❶ 2÷1　❷ 5÷1　❸ 9÷1　❹ 0÷1

ポイント　0を0でない数でわると、答えはいつも0になります。わられる数とわる数が同じ数のわり算の答えは、1になります。わる数が1のときは、答えはわられる数と同じになります。

勉強した日　月　日

わり算［その3］
きほんのワーク

もくひょう
九九をこえて、答えが2けたになるわり算のしかたを学習しよう。

おわったらシールをはろう

教科書 上66〜67ページ　答え 5ページ

きほん1 「答えが2けたになるわり算」の計算ができますか。

☆90cmの赤いテープを3人で同じ長さになるように分けると、1人分は何cmになるでしょうか。

とき方　右の図より、式は90÷□です。
計算のしかたは、10をもとにして考えます。
90を10が□こととみて、
90÷3は10が9÷3=□より、□こ
なので、90÷3=□

答え □cm

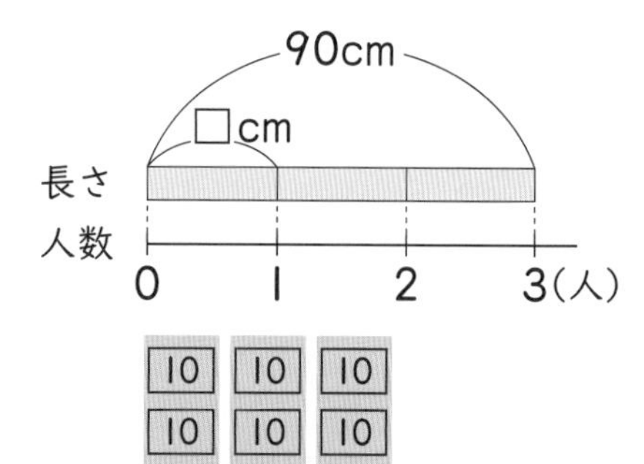

1 2こで60円のクッキーがあります。1このねだんは何円になるでしょうか。 教科書 66ページ9

式

答え（　　　）

60は10が6ことみることができるね。

2 70cmのリボンを、同じ長さになるように7本に分けます。1本の長さは何cmになるでしょうか。 教科書 66ページ9

式

答え（　　　）

3 計算をしましょう。 教科書 66ページ9

❶ 80÷2　　❷ 40÷4

❸ 30÷3　　❹ 60÷3

わられる数を、10が何ことみることができるかな。

さんすうはかせ　九九が使えない答えが2けたになるようなわり算を考えるときも、10をもとにすれば九九を使って答えをもとめられるんだね。

きほん 2 「九九が使えないわり算」のしかたがわかりますか。

☆ チョコレートが84こあります。これを2人で同じ数になるように分けると、1人分は何こになるでしょうか。

とき方 式は84÷□です。計算のしかたは、

84を80と□に分けて考えます。

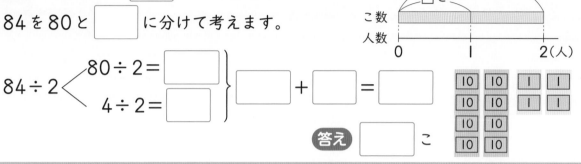

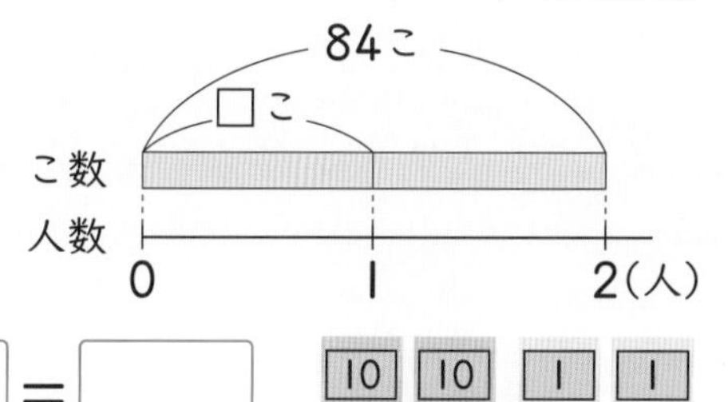

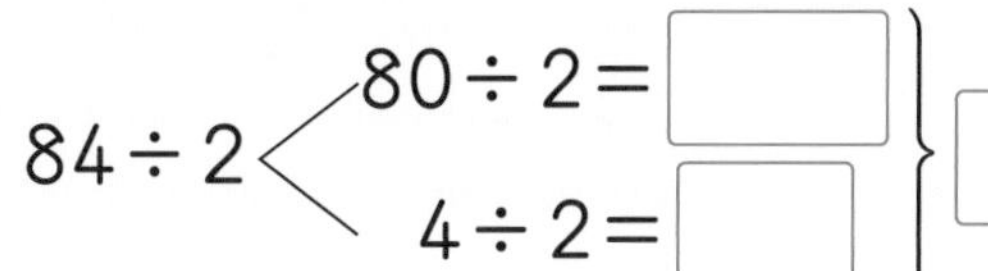

□+□=□

答え □こ

4 66このいちごを、3人で同じ数ずつ分けます。1人分は何こになるでしょうか。

教科書 67ページ10

66を60と6に分けて考えるんだね。

式

答え（　　　）

5 96ページある本を、3日間で同じページずつ読んで読み終(お)えます。1日に読むのは何ページになるでしょうか。

教科書 67ページ10

96を90と6に分けて、それぞれを3でわればいいね。

式

答え（　　　）

6 88人の子どもたちが4つのグループに同じ人数ずつ分かれます。1つのグループの人数は何人になるでしょうか。

教科書 67ページ10

式

答え（　　　）

7 計算をしましょう。

教科書 67ページ10

❶ 39÷3　　❷ 86÷2　　❸ 44÷4

ポイント 九九が使えないわり算は、わられる数を10をもとにして考えたり、位(くらい)ごとに数を分けて、それぞれの数をわる数でわったりして、計算します。

勉強した日　月　日

練習のワーク①

教科書 上 56～69ページ　答え 5ページ

できた数　/15問中

おわったらシールをはろう

1 いくつ分をもとめる　画用紙が40まいあります。1人に5まいずつ分けると、何人に分けられるでしょうか。

式

答え（　　　）

考え方　答えは、5×□=40の□にあてはまる数なので、5のだんの九九で見つけます。

2 1つ分の数をもとめる　35このいちごを7人で同じ数ずつ分けます。1人分は何こになるでしょうか。

式

答え（　　　）

3 わり算　計算をしましょう。

❶ 4÷2　❷ 20÷5　❸ 48÷6　❹ 81÷9

4 0や1のわり算　計算をしましょう。

❶ 0÷2　❷ 0÷4　❸ 6÷1　❹ 8÷8

5 答えが2けたになるわり算　63まいのシールを3人で同じ数ずつ分けます。1人分は何まいになるでしょうか。

式

答え（　　　）

考え方　63を60と3に分けて考えよう。

6 答えが2けたになるわり算　計算をしましょう。

❶ 50÷5　❷ 80÷4　❸ 68÷2　❹ 36÷3

できるナビ　文章題では、どんなときにわり算になるかを考えることが大切です。

1 いくつ分をもとめる　45このキャラメルを１人に５こずつ分けると、何人に分けられるでしょうか。

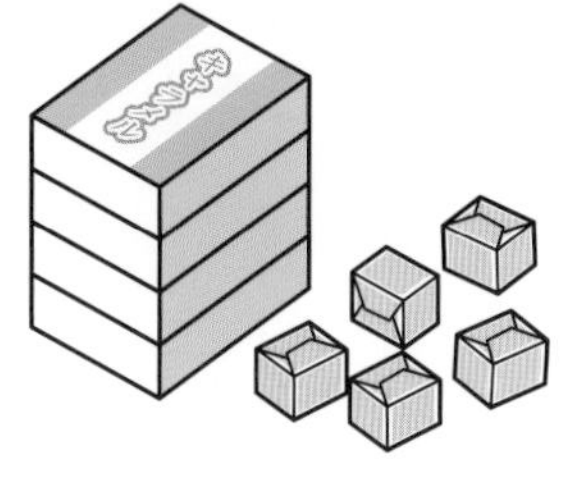

式

答え（　　　　　）

2 １つ分の数をもとめる　72このおはじきを９ふくろに同じ数ずつ分けると、１ふくろに何こ入るでしょうか。

式

答え（　　　　　）

3 わり算　計算をしましょう。

❶ 5÷1　❷ 63÷7　❸ 27÷9

❹ 0÷5　❺ 6÷6　❻ 42÷2

０のわり算
０を、０でないどんな数でわっても、答えはいつも０です。

4 わり算でもとめる問題　8÷2の式で答えがもとめられる問題（もんだい）はどれでしょうか。すべて答えましょう。

あ クッキーが８まいあります。２まい食べると、のこりは何まいになるでしょうか。

い クッキーが８まいあります。２人で同じ数ずつ分けると、１人分は何まいになるでしょうか。

う １箱（はこ）にクッキーが８まい入っています。２箱では、クッキーは全部（ぜんぶ）で何まいあるでしょうか。

え クッキーが８まいあります。１人に２まいずつ配（くば）ると、何人に配れますか。

（　　　　　）

できるナビ　文章題を式（しき）に表（あらわ）すときは、あたえられた数が、わられる数とわる数のどちらになるかを考えましょう。

勉強した日　月　日

教科書 上 56〜69ページ　答え 5ページ

時間 20分　とく点　/100点　おわったら シールを はろう

1 よく出る 計算をしましょう。 1つ5〔60点〕

❶ 18÷6　❷ 24÷8　❸ 28÷4

❹ 0÷7　❺ 40÷8　❻ 24÷6

❼ 7÷7　❽ 2÷1　❾ 60÷6

❿ 26÷2　⓫ 63÷3　⓬ 55÷5

2 みかんが30こあります。 1つ6〔24点〕

❶ 1ふくろに5こずつ入れると、何ふくろに分けられるでしょうか。

式

答え（　　　）

❷ 6人で同じ数ずつ分けると、1人分は何こになるでしょうか。

式

答え（　　　）

3 96cmのテープを3cmずつに切ります。テープは何本に分けられるでしょうか。 1つ8〔16点〕

式

答え（　　　）

□九九をつかってわり算の答えを正しくもとめることができたかな？
□答えが2けたになるわり算ができたかな？

まとめのテスト②

教科書 (上) 56〜69、144ページ　答え 5ページ

時間 20分　とく点 /100点　おわったらシールをはろう

1 よく出る 計算をしましょう。 1つ5〔60点〕

❶ 12÷4　❷ 48÷8　❸ 8÷2

❹ 45÷5　❺ 12÷2　❻ 0÷10

❼ 36÷9　❽ 1÷1　❾ 60÷3

❿ 0÷5　⓫ 33÷3　⓬ 62÷2

2 24mのロープがあります。24÷6の式(しき)になる問題(もんだい)をつくって、答えをもとめましょう。 1つ7〔14点〕

(　　　　)

答え (　　　　)

3 66人の子どもたちが6人ずつのはんをつくります。できるはんの数を答えましょう。 1つ7〔14点〕

答え (　　　　)

4 下の式がなり立つように、2、7、9の数字を□に書きましょう。 〔12点〕

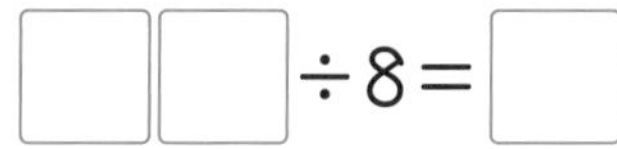

□□÷8＝□

ふろくの「計算練習ノート」3〜4ページをやろう！

□わり算の式にあった問題をつくれたかな？
□0をわるわり算や1でわるわり算ができたかな？

勉強した日 月 日

長さ

きほんのワーク

もくひょう：長さの単位（kmやmなど）の関係がわかるようになろう。

おわったらシールをはろう

教科書 上71～75ページ　答え 5ページ

きほん1　1mより長いところをはかるには、どうしたらよいですか。

☆下のあからえをはかるには、ものさしとまきじゃくのどちらではかればよいでしょうか。

あノートのたての長さ　　い黒板の横の長さ

う木のまわりの長さ　　え学校のろう下の長さ

とき方　長いところや丸いところをはかるときは、まきじゃくを使うとべんりです。

長いものは □ と □、丸いものは □ です。

答え　ものさしを使う □　　まきじゃくを使う □ と □ と □

1 下のあからおの長さは、まきじゃくとものさしのどちらではかればよいでしょうか。あからおの記号で答えましょう。　教科書 71ページ1

あ体育館の横の長さ　　い本のあつさ

うえんぴつの長さ　　え頭のまわりの長さ

お教室のたての長さ

まきじゃく：長いところや丸いところの長さをはかるときに使います。

まきじゃく（　　　　）　ものさし（　　　　）

2 下のまきじゃくのアからオのめもりは、それぞれ何m何cmを表しているでしょうか。　教科書 71ページ1

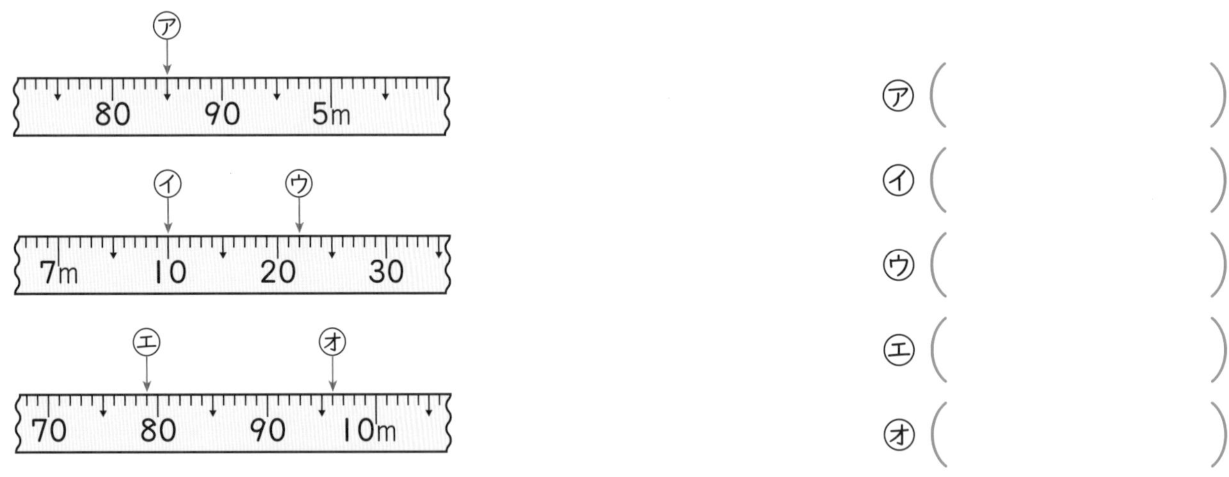

ア（　　　　）

イ（　　　　）

ウ（　　　　）

エ（　　　　）

オ（　　　　）

さんすうはかせ：「定規」は線などをひくための文ぼう具で、「ものさし」はものの長さをはかるための道具のことをいうよ。巻尺の「尺」は昔の日本の長さの単位だよ。

きほん2 「道のり」とは、どのような長さのことかわかりますか。

☆家から小学校までの道のりは1400mです。これは何km何mでしょうか。

とき方 1000mは1kmだから、
1400mは、□km□mです。

答え □km□m

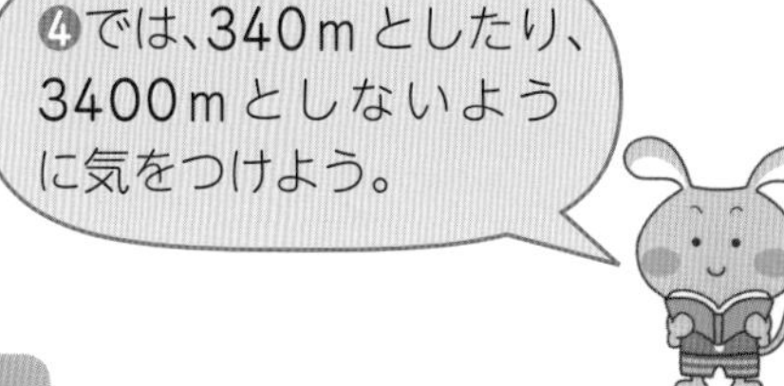

たいせつ
道にそってはかった長さを「**道のり**」といいます。1000mを1kmと書き、1キロメートルと読みます。 1km＝1000m

3 □にあてはまる数を書きましょう。 教科書 74ページ2

❶ 6000m＝□km

❷ 5200m＝□km□m

❸ 7km800m＝□m

❹ 3km40m＝□m

❹では、340mとしたり、3400mとしないように気をつけよう。

きほん3 「長さの計算」のしかたがわかりますか。

☆家から図書館（としょかん）までの道のりは1km300m、図書館から駅（えき）までの道のりは500mです。家から図書館の前を通って、駅まで行くときの道のりは何km何mでしょうか。

とき方 道のりは同じ単位で表された長さどうしを計算します。

家　図書館　駅
1km300m　500m

1km300m＋500m＝□km□m

答え □km□m

4 右の図を見て答えましょう。 教科書 74ページ2

❶ たかしさんの家から学校までの道のりは何km何mでしょうか。また、たかしさんの家から学校までのきょりは何km何mでしょうか。

道のり（　　　　）

きょり（　　　　）

学校
1100m
600m
たかしさんの家
800m

❷ たかしさんの家から学校までの道のりときょりは、何mちがうでしょうか。

（　　　　）

まっすぐにはかった長さを「**きょり**」というよ。

道にそってはかった長さを「道のり」といい、まっすぐにはかった長さを「きょり」といいます。道のりときょりのちがいに気をつけましょう。

勉強した日 月 日

練習のワーク

教科書 ㊤71～78ページ　答え 6ページ

できた数 /12問中

おわったらシールをはろう

1 長さの単位 □にあてはまる単位を書きましょう。

❶ 1時間に歩く道のり　3□　❷ 教科書のあつさ　6□

❸ はがきの横の長さ　10□　❹ 木の高さ　9□

長さの単位
1cm＝10mm　1m＝100cm　1km＝1000m

2 長さの単位 □にあてはまる数を書きましょう。

❶ 8000m＝□km　❷ 6520m＝□km□m

❸ 7km＝□m　❹ 2km300m＝□m

❺ 1kmは、1mの□こ分の長さです。また、100mの□こ分の長さです。

3 道のりときょり 右の図を見て答えましょう。

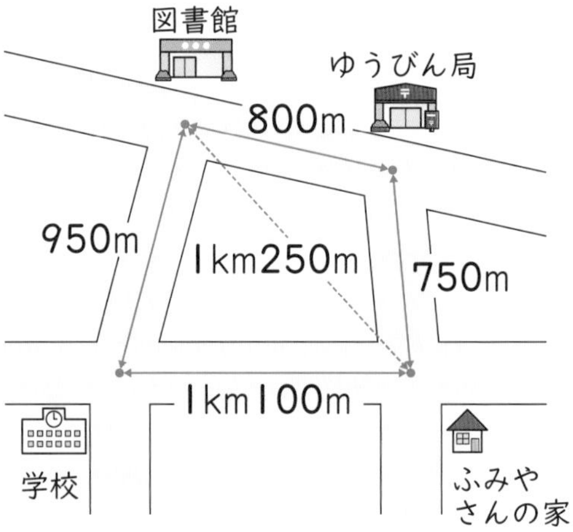

❶ 学校から図書館の前を通って、ゆうびん局まで行くときの道のりは何km何mでしょうか。

（　　　）

❷ ふみやさんの家から図書館までのきょりは何km何mでしょうか。

（　　　）

❸ ふみやさんの家から図書館まで行くとき、学校の前を通って行く道のりと、ゆうびん局の前を通って行く道のりは、何mちがうでしょうか。

（　　　）

考え方
❸ 1km100m＋950m
＝1100m＋950m＝2050m
750m＋800m＝1550m
2050m－1550mを計算します。

道のりときょり
「道のり」…道にそってはかった長さ
「きょり」…まっすぐにはかった長さ

できるナビ 長さを計算するときは、同じ単位で表された長さどうしを計算することに注意しよう。

時間 20分

とく点 /100点

おわったら シールを はろう

1 □にあてはまる数を書きましょう。 1つ5〔40点〕

❶ 9000m＝□km　　❷ 2800m＝□km□m

❸ 4350m＝□km□m　　❹ 3km＝□m

❺ 5km110m＝□m　　❻ 7km23m＝□m

❼ 600m＋430m＝□km□m

❽ 2km300m－500m＝□m

2 よく出る 下のまきじゃくの㋐から㋒のめもりは、それぞれ何m何cmを表(あらわ)しているでしょうか。 1つ10〔30点〕

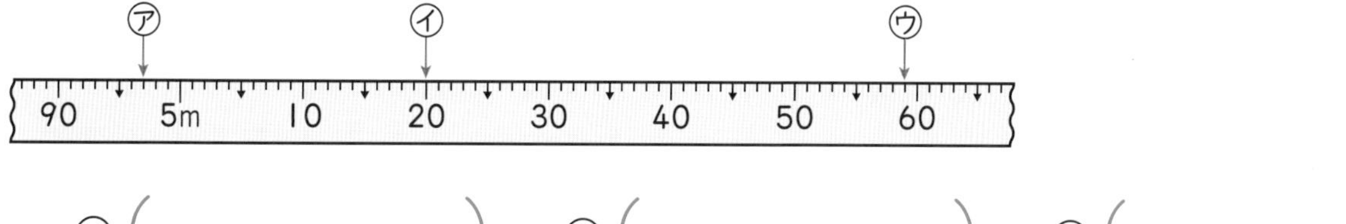

㋐（　　）　㋑（　　）　㋒（　　）

3 よく出る 右の図を見て答えましょう。 1つ10〔30点〕

学校　はるとさんの家　900m　1km700m　1km200m　公園　850m　みきさんの家　1km400m　2km100m　工場

❶ みきさんの家から工場までのきょりは何km何mでしょうか。

（　　）

❷ みきさんの家から学校までの道のりは何km何mでしょうか。

（　　）

❸ はるとさんの家から公園までの道のりと、きょりとでは、何mちがうでしょうか。

（　　）

ふろくの「計算練習ノート」9ページをやろう！

チェック
□まきじゃくのめもりをよむことができたかな？
□長さの計算ができたかな？

勉強した日　月　日

表とぼうグラフ ［その1］

きほんのワーク

もくひょう
わかりやすく表に整理することやぼうグラフのよみ方を学習しよう。

おわったらシールをはろう

教科書 上 79～85ページ　答え 6ページ

きほん1 「整理のしかた」がわかりますか。

☆ 下の表は、たかやさんの組でかっているペットのしゅるいごとの数を、「正」の字を使って調べたものです。これを、もう1つの表に数字で書きましょう。

ペット調べ

犬	正止
金魚	正一
小鳥	止
モルモット	一
ねこ	正丅
ハムスター	下
うさぎ	一

ペット調べ

しゅるい	数(ひき)
犬	9
金魚	
小鳥	
ねこ	
ハムスター	
その他	
合計	

とき方 しゅるいごとの数を記録するには、正の字を使うとべんりです。また、表に整理するとき、数が少ないものはその他にまとめ、合計を書くらんもつくります。

答え 左の表に記入

一…1　丅…2
下…3　止…4
正…5　正一…6
正丅…7
を表すね。

1 ゆりさんたちは、すきなくだものを、下のように1人1つずつカードに書きました。左の表に「正」の字を使って、しゅるいごとの人数を調べてから、右の表に数字で書きましょう。

教科書 82ページ2

メロン	いちご	りんご	さくらんぼ	いちご
りんご	さくらんぼ	いちご	ぶどう	メロン
いちご	バナナ	メロン	いちご	さくらんぼ

「正」の字で調べましょう

いちご	
メロン	
りんご	
ぶどう	
さくらんぼ	
バナナ	

すきなくだもの調べ

しゅるい	人数(人)
いちご	
メロン	
りんご	
さくらんぼ	
その他	
合計	

ぶどうとバナナは数が少ないから、表にまとめるときは、「その他」のところに入れるんだね。

江戸時代は、数を数えるときに、「正」ではなく、「玉」の字を使っていたんだよ。「正」も「玉」も5つ分数えると文字がかんせいすることから、数を調べるときにべんりなんだね。

きほん2 「ぼうグラフのよみ方」がわかりますか。

☆下のぼうグラフは、子ども会ですきなおかしのしゅるいを１人１つずつえらんで調べたけっかを表したものです。いちばんすきな人が多いおかしは何で、人数は何人でしょうか。

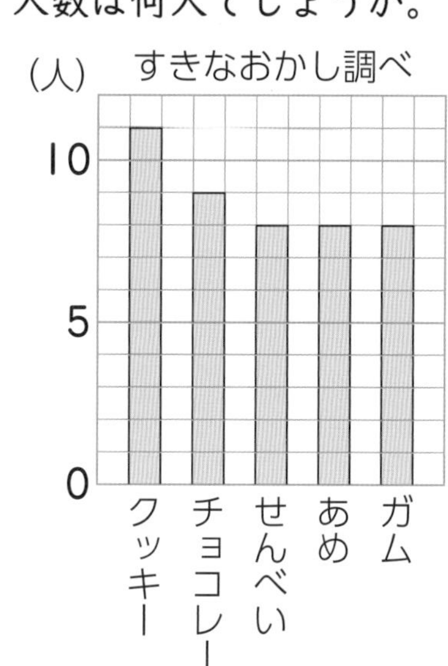

とき方 ぼうがいちばん長いおかしは［　　］です。

たてのじくの１めもりは、［　　］人を表しているので、いちばん長いぼうは、［　　］人を表しています。

答え おかし［　　］

人数［　　］人

たいせつ

ぼうの長さで数の大きさを表したグラフを、**ぼうグラフ**といいます。１めもりの大きさがいくつを表しているかに気をつけ、ぼうの長さを見ていきます。

2 下のぼうグラフを見て答えましょう。 教科書 83ページ3

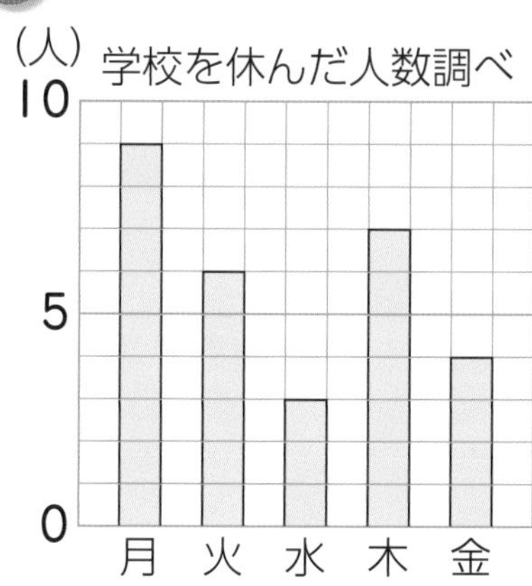

❶ たてのじくの１めもりは、何人を表しているでしょうか。（　　）

❷ 木曜日に休んだ人は、何人でしょうか。（　　）

❸ 学校を休んだ人がいちばん少ないのは、何曜日でしょうか。（　　）

3 次のぼうグラフで、たてのじくの１めもりが表している大きさと、ぼうが表している大きさを答えましょう。 教科書 85ページ4

❶

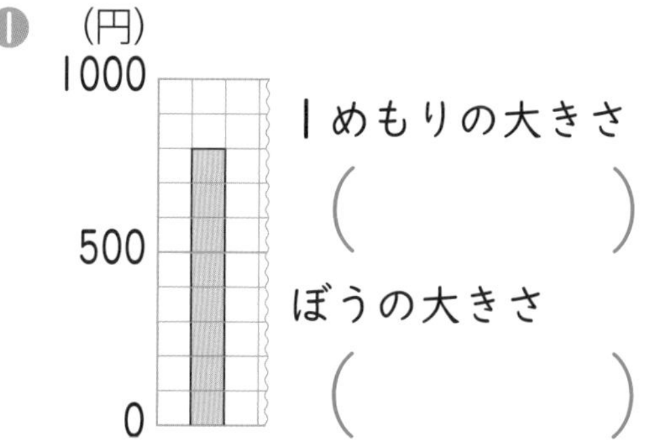

１めもりの大きさ（　　）

ぼうの大きさ（　　）

❷

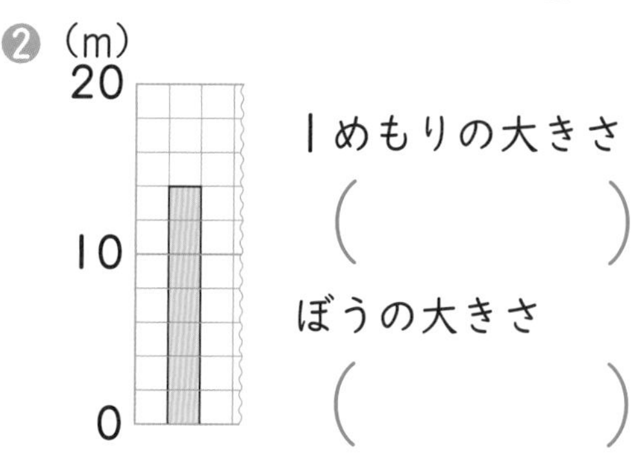

１めもりの大きさ（　　）

ぼうの大きさ（　　）

ポイント 調べたことを整理して、表にわかりやすく表したり、ぼうグラフのぼうの長さでいろいろな大きさを表したり、くらべたりできるようにします。

勉強した日　　月　　日

表とぼうグラフ ［その2］

きほんのワーク

もくひょう：ぼうグラフのかき方と、表を１つにまとめることを学習しよう。

おわったらシールをはろう

教科書 上 86～91ページ　答え 7ページ

きほん1 「ぼうグラフのかき方」がわかりますか。

☆ 下の表は、3年1組の人が1週間に図書室で読んだ本について調べたものです。これを、ぼうグラフに表しましょう。

読んだ本調べ

しゅるい	物語	伝記	図かん	その他
本の数(さつ)	9	6	3	4

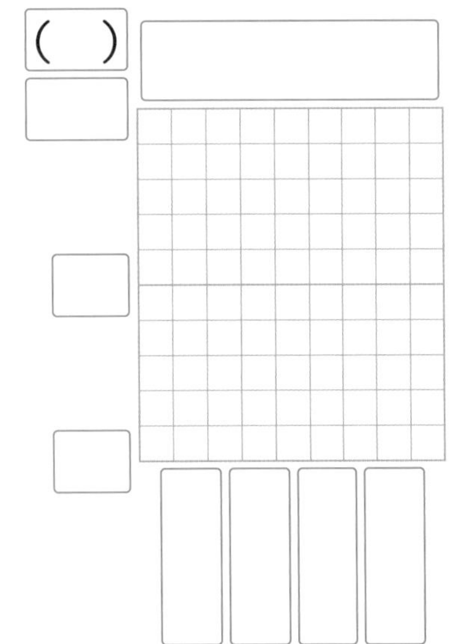

とき方 ぼうグラフは次のようにしてかきます。

1 いちばん多い本の数が表せるように、たてのじくの1めもりの大きさを決める。
2 めもりの数と単位を書く。
3 横にしゅるいを書く。
4 本の数にあわせてぼうをかく。
5 表題を書く。

「その他」は数が多くても、最後にかくんだよ。

答え 左の問題に記入

1 下の表は、3年生の人たちの住んでいる町べつの人数を調べたものです。これを、人数が多いじゅんにならべて、ぼうグラフに表しましょう。

教科書 86ページ5 88ページ6

住んでいる町調べ

町名	人数(人)
東町	18
西町	10
南町	26
北町	14
その他	6

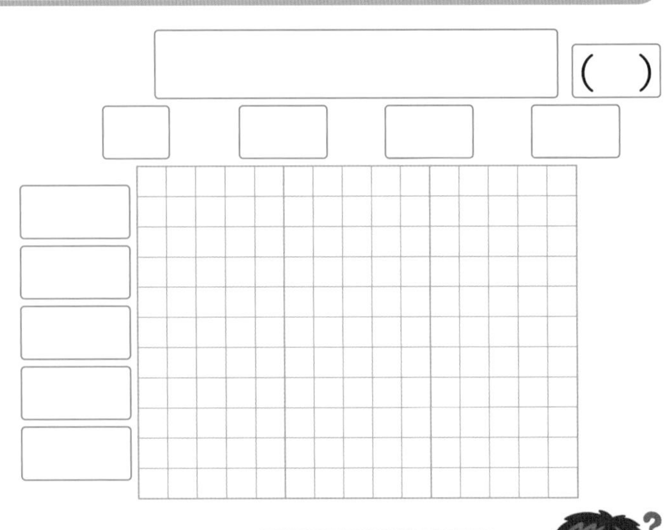

1めもりを何人にするといいかな。

数えるときの「正」の字は中国や韓国でも使われているよ。漢字を使わない国では、「卌」や「☒」という記号を使って数を数えているところもあるよ。

きほん2 「いくつかの事がらを１つにまとめた表」がわかりますか。

☆下の表は、３年生で、先月にけがをした人数を調べたものです。３つの表を１つの表にまとめましょう。

けが調べ（１組）

しゅるい	人数（人）
すりきず	6
打ぼく	4
切りきず	8
つき指	5
その他	3
合計	26

けが調べ（２組）

しゅるい	人数（人）
すりきず	5
打ぼく	2
切りきず	7
つき指	6
その他	2
合計	22

けが調べ（３組）

しゅるい	人数（人）
すりきず	8
打ぼく	5
切りきず	6
つき指	3
その他	3
合計	25

けが調べ（３年生）　（人）

しゅるい ＼ 組	１組	２組	３組	合計
すりきず	6	5	8	19
打ぼく	4	2		
切りきず	8			
つき指				
その他				
合計				㋐

とき方 それぞれの組のけがをした人数を上の表に書き、たてと横の合計も書きます。㋐のところのたての合計と横の合計が同じになっていることを、たしかめます。

答え 上の表に記入

2 次の表は、３年生で、４月、５月、６月に学校を休んだ人数を調べたものです。

教科書 90ページ7

休んだ人数（４月）

組	人数（人）
１組	7
２組	13
３組	9
合計	29

休んだ人数（５月）

組	人数（人）
１組	11
２組	12
３組	8
合計	31

休んだ人数（６月）

組	人数（人）
１組	9
２組	7
３組	12
合計	28

❶ 上の３つの表を、右のような１つの表にまとめましょう。

休んだ人数調べ　（人）

組 ＼ 月	４月	５月	６月	合計
１組				
２組				
３組				
合計				㋐

❷ ４月から６月までで、休んだ人数がいちばん少なかったのは、何組でしょうか。

（　　　　）

❸ 表の㋐に入る人数は、何を表しているでしょうか。

（　　　　）

ポイント ぼうグラフに表すと、大きさがくらべやすくなってべんりです。また、いくつかの表を１つの表にまとめると、全体のようすがわかりやすくなります。

練習のワーク

教科書 上 79～95ページ　答え 7ページ

1 表のくふう

下の表は、あきさんの学校で、先週休んだ人数を表したものです。

休んだ人数調べ　（人）

曜日＼学年	1年	2年	3年	4年	5年	6年	合計
月	1	3	0	1	0	1	6
火	1	0	1	1	0	0	あ
水	0	3	2	1	3	0	い
木	3	2	2	1	2	0	う
金	1	1	1	0	0	2	え
合計	お	9	か	き	く	け	こ

ちゅうい

こに入る数が、たてと横それぞれの合計で、同じになります。両方を計算して、同じになるかたしかめましょう。

❶ 左の表をかんせいさせましょう。

❷ 休んだ人数がいちばん多かったのは、何年生でしょうか。

おからけは、たての合計で、学年ごとの合計です。

（　　　　）

❸ 休んだ人数がいちばん少なかったのは、何曜日でしょうか。

（　　　　）

❹ 先週休んだ人数の合計は、何人でしょうか。

1年から6年までの休んだ人数の合計と同じになります。

（　　　　）

2 ぼうグラフをえらぶ

5月と6月に図書室でかりられた物語と伝記の本の数を調べました。次のことがよみとりやすいのは、右のあ、いのどちらのグラフでしょうか。記号で答えましょう。

❶ 5月と6月をあわせて、多くかりられたのは、物語と伝記のどちらか。

（　　　　）

❷ 物語が多くかりられたのは、5月と6月のどちらか。

（　　　　）

あ　かりられた本調べ

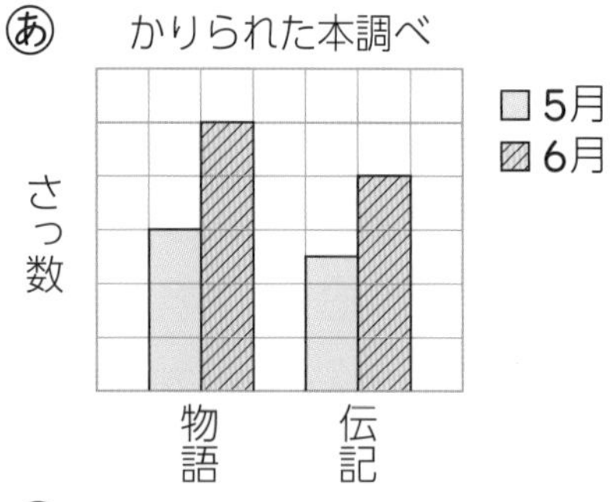

い　かりられた本調べ

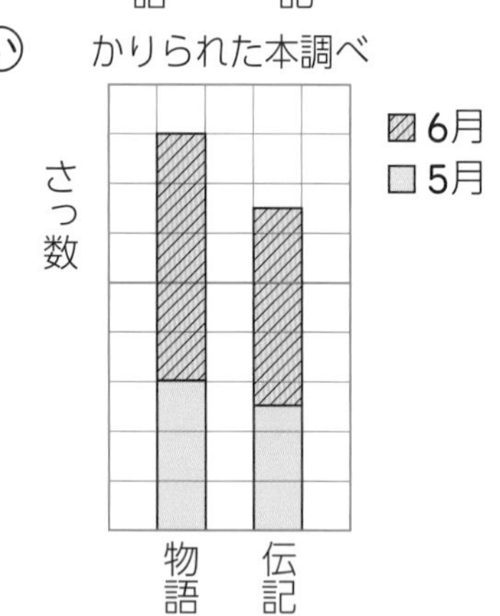

できるナビ　表やぼうグラフの表し方をおぼえ、使えるようになりましょう。

時間20分

とく点 /100点

おわったらシールをはろう

1 よく出る 右のぼうグラフは、まゆみさんが先週１週間に家で本を読んだ時間を表したものです。 1つ10〔30点〕

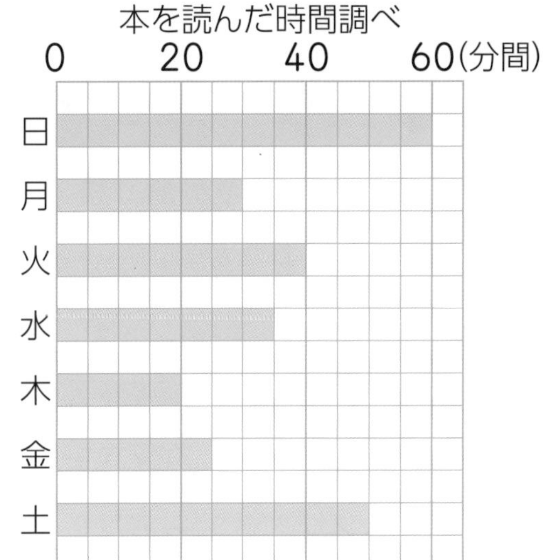

❶ 本を読んだ時間がいちばん長かったのは何曜日でしょうか。

(　　　　　)

❷ 金曜日は何分間、本を読んだでしょうか。

(　　　　　)

❸ 木曜日の２倍(ばい)の時間、本を読んだのは何曜日でしょうか。

(　　　　　)

2 よく出る ３年生の３クラスで、すきなスポーツを調べて、下の表にまとめました。表の(あ)から(き)のらんに数を書き入れましょう。また、３年生のすきなスポーツについて、人数が多いじゅんにならべて、ぼうグラフに表しましょう。 1つ35〔70点〕

すきなスポーツ調べ (人)

組 / しゅるい	１組	２組	３組	合計
野球(やきゅう)	6	11	7	(あ)
サッカー	9	(い)	12	29
バスケットボール	12	10	6	(う)
水泳(すいえい)	2	0	(え)	6
その他(た)	2	3	3	(お)
合計	(か)	32	32	(き)

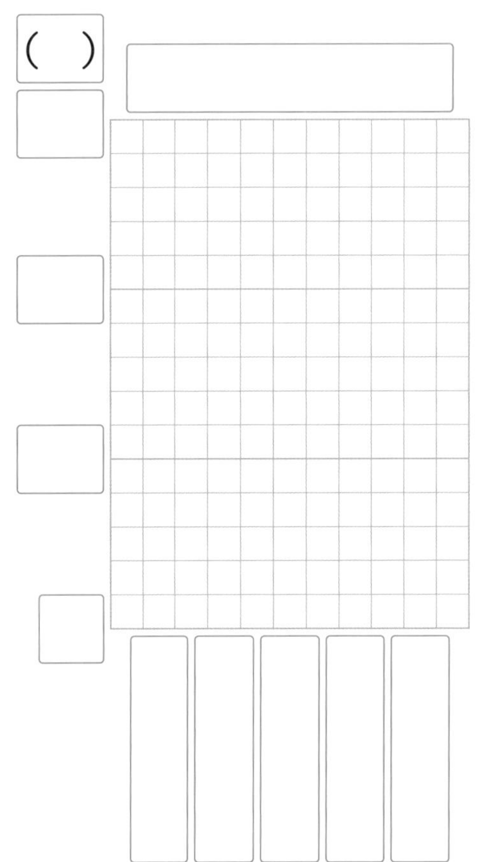

チェック✓
□ぼうグラフをよむことができたかな？
□表をぼうグラフに表すことができたかな？

勉強した日　月　日

あまりのあるわり算 [その1]

きほんのワーク

もくひょう
わり算のあまりの意味について、正しく理かいしよう。

おわったらシールをはろう

教科書 上 97〜103ページ　答え 7ページ

きほん1 「あまりのあるわり算」のしかたがわかりますか。

☆13このケーキがあります。1箱に3こずつ入れると、何箱できて、何こあまるでしょうか。

とき方 同じ数ずつ分けるので、わり算で計算し、式は13÷□となります。
13÷3の答えを見つけるときも、3のだんの九九を使います。

箱が3箱→ 3×3=9　13−9=4　□こあまる。

箱が4箱→ 3×4=□　13−□=□　□こあまる。

箱が5箱→ 3×5=□　15−□=□　□こ足りない。

箱が5箱だと足りなくなるので、いちばん多くできた□箱のときが答えになります。式で表すと、

13÷3=4 あまり 1 と書きます。

答え □箱できて、□こあまる。

たいせつ
あまりがないときは、**わりきれる**といい、あまりがあるときは、**わりきれない**といいます。

1 次の式で、わりきれるわり算には○を、わりきれないわり算には×を(　)に書きましょう。

教科書 97ページ1

❶ 42÷6 (　)　❷ 55÷9 (　)　❸ 24÷7 (　)

❹ 48÷8 (　)　❺ 26÷5 (　)　❻ 32÷4 (　)

きほん2 「わる数とあまりの大きさ」はどのようになっていますか。

☆17÷3=4あまり5 にまちがいがあれば、正しくなおしましょう。

とき方 あまりの5が、わる数の3より大きいので、正しくありません。答えは、□あまり□です。

答え 17÷3=□あまり□

ちゅうい
あまりは、わる数より小さくなります。
わる数＞あまり

さんすうはかせ
「■÷●=▲あまり★」のとき、■は「わられる数」、●は「わる数」だね。また、▲を「商」、★を「あまり」といって、このわり算の商とあまりが答えになるよ。

2 次の計算の答えが正しければ○を、まちがいがあれば正しくなおしましょう。

教科書 99ページ2

❶ 29÷3＝8あまり5 （　　　）

❷ 43÷7＝6あまり1 （　　　）

❸ 53÷9＝5あまり7 （　　　）

❹ 33÷6＝4あまり9 （　　　）

3 おはじきが53こあります。7人で同じ数ずつ分けると、1人分は何こになって、何こあまるでしょうか。

教科書 101ページ3

式

答え（　　　）

きほん 3 「わり算の答えのたしかめ」のしかたがわかりますか。

☆ 19÷3＝6あまり1としました。この答えが正しいかどうかをたしかめましょう。

とき方 たしかめは、次のように考えます。

19 ÷ 3 ＝ 6 あまり 1

3 × 6 ＋ 1 ＝ 19

19

3 × 6　1

たしかめの計算の答えが、わられる数になれば、わり算は正しいね。

答え 3×6＋1＝□ となり、正しい。

4 次の計算の答えが正しいかどうか、（　）の中にたしかめの式を書いて、正しければ○を、まちがいがあれば正しい答えを、［　］の中に書きましょう。

教科書 102ページ4

❶ 29÷9＝3あまり1 （　　　）［　　　］

❷ 32÷7＝4あまり4 （　　　）［　　　］

5 次の計算をしましょう。また、答えのたしかめをしましょう。 教科書 102ページ4

❶ 19÷3　たしかめ（　　　）

❷ 66÷7　たしかめ（　　　）

ポイント たしかめの計算の答えがわられる数になっても、あまりがわる数よりも大きくなっていたらまちがいです。あまりは、わる数よりもかならず小さくなります。

勉強した日　月　日

あまりのあるわり算［その2］

きほんのワーク

もくひょう
わり算の問題をとくとき、あまりの意味を考えるようにしよう。

おわったらシールをはろう

教科書 ㊤ 103〜105ページ　答え 8ページ

きほん1 問題の意味にあうように、答えをもとめられますか。

☆自動車に5人ずつ乗ります。32人が乗るには、自動車は何台いるでしょうか。

とき方 式を書いて計算すると、□÷□＝□あまり□
自動車が6台では、2人が乗れません。あまった2人が乗るために、自動車がもう1台いります。6＋□＝□　答え □台

1 クッキーが29こあります。このクッキーを1ふくろに4こずつ入れていきます。全部のクッキーを入れるには、何ふくろいるでしょうか。 教科書 103ページ5

式

答え（　　　）

あまりのクッキーを入れるためのふくろが、1ふくろひつようだね。

2 こういちさんは、かんらん車乗り場の列の、前から25人めにならんでいます。1台のかんらん車には4人ずつ乗ります。こういちさんは、何台めのかんらん車に乗ることになるでしょうか。 教科書 103ページ5

式

答え（　　　）

きほん2 あまりをどうするか、考えられますか。

☆26このりんごを、1箱に8こずつ入れていきます。8こずつ入った箱は何箱できるでしょうか。

とき方 式を書いて計算すると、□÷□＝□あまり□
8こ入った箱は□箱できて、りんごは□こあまります。8こ入りの箱の数を答えるので、あまった2こは考えません。　答え □箱

さんすうはかせ　わり算は等しく分けるというのがきまりなんだ。だから、分けられないときはあまるし、さらに細かく分ける計算のしかたもあとで学習するよ。

3 はばが35cmの本立てに、あつさ4cmの本を入れていきます。本は何さつ入るでしょうか。 教科書 104ページ6

あまりのはばには、本を入れられないね。

式

答え（　　　　）

4 バラの花が54本あります。8本ずつたばねて、花たばを作ります。8本ずつの花たばはいくつできるでしょうか。 教科書 104ページ6

式

答え（　　　　）

5 71cmの長さのリボンを9cmの長さに切っていきます。9cmのリボンは何本できるでしょうか。 教科書 104ページ6

式

答え（　　　　）

はってん きほん3 あまりのきまりを見つけることができますか。

☆ 玉入れのチーム分けをします。1人に1こずつ番号がつけられていて、番号のじゅんに、赤、白、青の列にならんでいきます。14番のゆりさんは、どの列にならぶでしょうか。

とき方 番号を3でわると、あまりは列ごとに同じになります。
あまりは、赤の列が1、白の列が2で、青の列はわりきれます。
14を3でわると、14÷3＝□ あまり □
あまりが □ だから、ゆりさんは □ の列になります。

赤	白	青
1	2	3
4	5	6
7	8	9
⋮	⋮	⋮

答え □ の列

6 きほん3で、28番のけんたさんは、どの列にならぶでしょうか。 教科書 105ページ

式

答え（　　　　）

ポイント あまりのあるわり算の問題をとくとき、問題によっては、答えを1ふやして答えたり、あまりをはぶいて答えたりします。問題をよく読んで考えましょう。

勉強した日　月　日

教科書 上 97～107ページ　答え 8ページ

できた数　/13問中

おわったら シールを はろう

1 あまりのあるわり算　計算をしましょう。

❶ 20÷6　❷ 13÷3　❸ 43÷6

❹ 25÷7　❺ 28÷5　❻ 52÷7

❼ 66÷8　❽ 13÷2　❾ 80÷9

2 わり算の答えのたしかめ　計算をしましょう。また、答えのたしかめをしましょう。

❶ 30÷7

30÷7＝● あまり ▲
7×●＋▲＝30

たしかめ（　　　　　　）

❷ 78÷9

たしかめ（　　　　　　）

ちゅうい
わり算のあまりは、わる数より小さくなります。たしかめの計算の答えがわられる数になっても、**あまりがわる数より大きくなっていたらまちがい**です。

3 あまりのあるわり算　かきが49こあります。5人で同じ数ずつ分けると、1人分は何こになって、何こあまるでしょうか。

式

答え（　　　　　　）

4 あまりの考え方　1まいの画用紙から8まいのカードが作れます。カードを60まい作るには、画用紙は何まいいるでしょうか。

式

画用紙が7まいだと、カードは56まいしか作れないね。

答え（　　　　　　）

できるナビ　あまりのあるわり算では、たしかめをしてミスをしないようにしよう。

時間 20分

とく点 /100点

おわったら シールを はろう

1 よく出る 計算をしましょう。 1つ5〔60点〕

❶ 47÷8　❷ 10÷6　❸ 88÷9

❹ 19÷2　❺ 40÷7　❻ 37÷4

❼ 79÷8　❽ 17÷9　❾ 22÷3

❿ 39÷5　⓫ 69÷7　⓬ 52÷6

2 問題(もんだい)が58題あります。毎日7題ずつとくと、全部(ぜんぶ)とくには何日かかるでしょうか。 1つ5〔10点〕

式

答え（　　　　）

3 ジュースが4Lあります。このジュースを6dL入るびんに分けていきます。6dL入ったびんは何本できるでしょうか。 1つ5〔10点〕

式

答え（　　　　）

4 35このいちごを4まいの皿(さら)に分けます。 1つ5〔20点〕

❶ 4まいの皿に同じ数ずつ分けると、1まい分は何こになって、何こあまるでしょうか。

式

答え（　　　　）

チャレンジ! ❷ 1まいの皿にのせるいちごの数を8こか9こにします。あまりが出ないように分けるには、8このせた皿と9このせた皿をそれぞれ何まいにすればよいでしょうか。

8このせた皿（　　　　）　9このせた皿（　　　　）

ふろくの「計算練習ノート」10〜11ページをやろう！

□あまりのあるわり算の答えを正しくもとめることができたかな？
□あまりの意味(いみ)を考えて答えることができたかな？

勉強した日　月　日

学びのワーク　なみ木道

おわったら シールを はろう

教科書 ㊤ 108〜109ページ　答え 9ページ

きほん1 直線の間の数に目をつけた問題の考え方がわかりますか。

☆ 道にそって、木が9mおきに6本植えてあります。あゆみさんは、この木のはしからはしまで走ります。あゆみさんは、何m走ることになるでしょうか。

とき方　木を●として、図をかいて考えます。

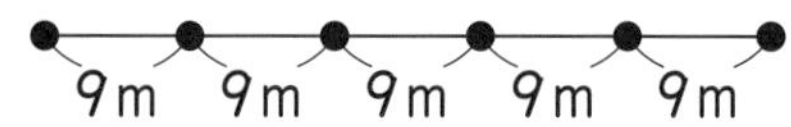

間の数は、木の数よりも、1少なくなるね。

木の数は6本だから、木と木の間の数は □ になるので、

走る長さは、9×＝□ より、□ mです。　答え  m

1 道にそって、木が8mおきに7本植えてあります。たかしさんは、この木のはしからはしまで走ります。

教科書 108ページ

❶ たかしさんが走った木と木の間の数はいくつでしょうか。

式

答え（　　　　）

❷ たかしさんは、何m走ることになるでしょうか。

式

答え（　　　　）

木と木の間の長さを、木と木の間の数の分走ることになるね。

2 道にそって、はたが5mおきに8本立っています。1本目のはたから8本目のはたまで走ったとき、何m走ったことになるでしょうか。

教科書 108ページ

式

答え（　　　　）

植えた木の本数と、木と木の間の数の関係を考える問題は、「植木算」ともよばれているよ。木ではなく、はたやかんばんでも植木算とよぶんだ。

きほん2 直線の間の長さに目をつけた問題の考え方がわかりますか。

☆間の長さがすべて同じになるように5本のくいが立っています。くいのはしからはしまでは12mです。くいは何mおきに立っているでしょうか。

とき方　くいを●として、図をかいて考えます。

12m
□m □m □m □m
間の数は、くいの数よりも、1少なくなるね。

くいの数が5本より、くいとくいの間の数は［　］だから、くいとくいの間の長さは、12÷［　］=［　］より、［　］mです。　答え［　］m

3 道にそって、間の長さがすべて同じになるように10本の木を植えます。はしからはしの木の間の長さが63mになるように植えるとき、木は何mおきに植えればよいでしょうか。　教科書 109ページ

式

答え（　　　　）

きほん3 間の数と、はしまでの数に目をつけた問題の考え方がわかりますか。

☆長さ72cmの木のぼうに7本のくぎをうって、ぼうのはしとくぎの間の長さ、くぎとくぎの間の長さがすべて同じになるようにします。くぎを何cmおきにうてばよいでしょうか。

とき方　くぎを●として、図をかいて考えます。

72cm
ぼうのはし
ぼうのはし
□cm □cm □cm □cm □cm □cm □cm □cm
ぼうのはしからはしまでの間の数は、ぼうの両方のはしを考えて8になるね。

くぎの数は7本だから、くぎとくぎの間の数は［　］になります。ぼうのはしとくぎの間の数は両方（りょうほう）のはしで［　］になるので、くぎとくぎの間の長さは、72÷［　］=［　］より、［　］cmです。　答え［　］cm

4 25mプールのコースロープに4つのしるしをつけて、コースロープのはしとしるし、しるしとしるしの間の長さがすべて同じ長さになるようにします。しるしを何mごとにつければよいでしょうか。　教科書 109ページ

式

答え（　　　　）

ポイント　間の数が木の数よりも1少なくなる場合と、両方のはしから木までの間の数も考える場合のちがいに気をつけることが大切です。

勉強した日 月 日

もくひょう
「万」の位を理かいして、数に表せるようにしよう。

おわったら シールを はろう

10000より大きい数 [その1]

きほんのワーク

教科書 上 110〜117ページ 答え 9ページ

きほん1 「10000より大きい数」のしくみがわかりますか。

☆ □にあてはまる言葉や数を書きましょう。

14638020は、1000万を1こと、100万を□こと、10万を□こと、1万を□こと、1000を□こと、10を□こあわせた数です。また、漢字で書くと、□です。

とき方 大きな数のしくみは次のようになっています。

1000が10こで一万 → 10000
1万 が10こで十万 → 100000
10万 が10こで百万 → 1000000
100万が10こで千万 → 10000000

千万の位	百万の位	十万の位	一万の位	千の位	百の位	十の位	一の位
1	4	6	3	8	0	2	0

たいせつ
万の位になっても、一、十、百、千のくり返しになります。

答え 問題文中に記入

1 数字で表された数は漢字で、漢字で表された数は数字で書きましょう。

教科書 111ページ1 113ページ2

❶ 79025
( )

❷ 8590000
( )

❸ 三万二千五百四十
( )

❹ 五千六百三十六万三百
( )

2 □にあてはまる数を書きましょう。

教科書 111ページ1 113ページ2

❶ 93814は、1万を□こと、1000を□こと、100を□こと、10を□こと、1を□こあわせた数です。

❷ 1000万を6こと、100万を4こと、10万を7こと、1万を2こあわせた数は□です。

❸ 1000万を2こと、100万を7こと、1万を5こあわせた数は□です。

さんすうはかせ
「万」の上の位は「億」で、このあと学ぶよ。その上の位は「兆」というよ。国の予算などで○兆円というお金を耳にするよね。「兆」よりも上の位もあるんだよ。

きほん 2 数の大きさをくらべることができますか。

☆ 数の大小をくらべて、□にあてはまる不等号を書きましょう。

36200 □ 35300

とき方 一万の位の数が同じなので、千の位の数でくらべます。

答え 問題文中に記入

不等号＜の開いているほうの数が大きいとおぼえよう。

たいせつ

＞、＜の記号を**不等号**、＝の記号を**等号**といいます。不等号は、左がわと右がわの数や式の大小を表す記号です。

㊅＞㊇

㊇＜㊅

(同じ)＝(同じ)

3 □にあてはまる等号か不等号を書きましょう。 教科書 115ページ3

❶ 584321 □ 591234

❷ 47万－20万 □ 30万

❸ 10000 □ 9999＋1

きほん 3 数直線をよむことができますか。

☆ 下の数直線のあからえが表す数を書きましょう。

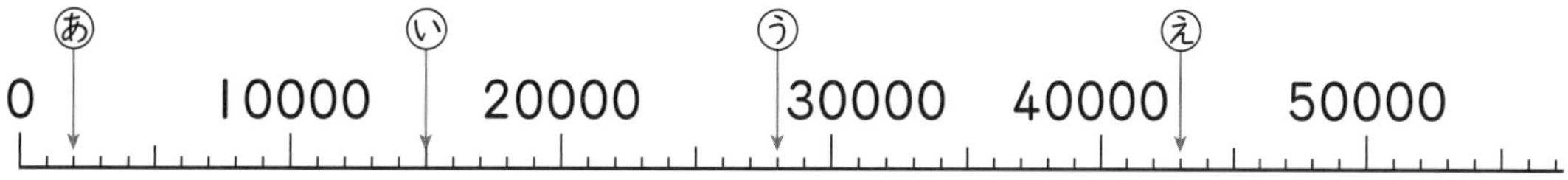

とき方 いちばん小さい1めもりが表す数の大きさをまず考えます。いちばん小さい1めもりの大きさは □ です。

たいせつ

上のような数の線を**数直線**といいます。数直線では、右にいくほど数が大きくなります。

答え あ □ い □ う □ え □

4 下の数直線について答えましょう。 教科書 116ページ4 117ページ5

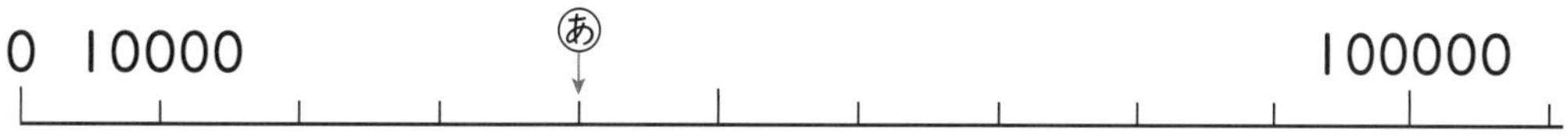

❶ あのめもりが表す数はいくつでしょうか。 (　　　)

❷ あの数は、10000を何こあつめた数でしょうか。 (　　　)

❸ あの数は、1000を何こあつめた数でしょうか。 (　　　)

ポイント 2つの数の大きさをくらべるときは、まずけた数をくらべます。けた数が同じときは、上の位の数からじゅんにくらべていきます。

勉強した日　月　日

10000より大きい数［その2］

きほんのワーク

もくひょう
大きな数の関係や計算のしかたを理かいしよう。

おわったらシールをはろう

教科書 上 117〜119ページ　答え 9ページ

きほん1 万よりも大きい位がわかりますか。

☆□にあてはまる言葉(ことば)や数を書きましょう。
1000万を10こあつめた数を、数字で書くと□、漢字(かんじ)で書くと□です。

とき方 1000万が10こで、100000000です。

一億の位	千万の位	百万の位	十万の位	一万の位	千の位	百の位	十の位	一の位(くらい)
	1	0	0	0	0	0	0	0
1	0	0	0	0	0	0	0	0

たいせつ
1000万を10こあつめた数を一億(いちおく)といい、100000000と書きます。

答え 問題(もんだい)文中に記入

1 100000000より1小さい数はいくつでしょうか。数字と漢字で書きましょう。

教科書 117ページ6

数字（　　　　）　漢字（　　　　）

きほん2 10倍、100倍、1000倍した数はどんな数になりますか。

☆35を10倍(ばい)すると、どんな数になるでしょうか。また、100倍、1000倍すると、どんな数になるでしょうか。

とき方 35の10倍 は、35を30と5に分けて、それぞれ10倍してあわせます。

35＜ 30の10倍は□
　　 5の10倍は□

あわせて□

10倍の10倍は100倍だから、
35の100倍は□
100倍の10倍は1000倍だから、35の1000倍は□

たいせつ
数を10倍すると、位が1つ上がってもとの数の右はしに0を1つつけた数になります。
また、100倍すると、位が2つ上がってもとの数の右はしに0を2つつけた数になり、1000倍すると、位が3つ上がってもとの数の右はしに0を3つつけた数になります。

一万	千	百	十	一
			3	5
		3	5	0
	3	5	0	0
3	5	0	0	0

10倍　10倍　10倍　100倍　1000倍

答え 10倍□　100倍□　1000倍□

さんすうはかせ
10でわることは、10に等(ひと)しく分けることだから、「10に分ける」という意味(いみ)の$\frac{1}{10}$にすることと同じなんだ。$\frac{1}{10}$(分数)は、このあと学習(がくしゅう)するよ。

2 □にあてはまる数を書きましょう。

教科書 118ページ7・8 119ページ9

❶ 15を10倍すると位が□つ上がり、□になります。

❷ 15を10倍した数を10倍すると、15を□倍した数になります。

❸ 381を10倍した数は□、100倍した数は□、1000倍した数は□になります。

100倍、1000倍するときは、数の右はしに0を2つ、3つつければいいんだ。

❹ 3万を100倍した数は□、1000倍した数は□になります。

❺ 761000は、761を□倍した数です。

きほん3 一の位に0のある数を10でわると、どんな数になりますか。

☆240を10でわると、どんな数になるでしょうか。

とき方 10でわると一の位の0をとった数になるので、□になります。

答え □

たいせつ
一の位に0がある数を10でわると位が1つ下がり、一の位の0をとった数になります。

百	十	一
2	4	0
	2	4

10でわる

3 次の数を10でわった数を書きましょう。

教科書 119ページ10

❶ 50 (　　)　❷ 700 (　　)　❸ 310 (　　)

❹ 30万 (　　)　❺ 170万 (　　)

10でわるから0を1つとればいいんだね。

ポイント 数を10倍すると位が1つ上がり、もとの数の右はしに0を1つつけた数になり、100倍すると位が2つ上がり、もとの数の右はしに0を2つつけた数になります。

勉強した日 月 日

練習のワーク①

教科書 上 110〜121ページ　答え 9ページ

できた数 /17問中

おわったらシールをはろう

1 大きな数の表し方　次の数を数字で書きましょう。

位を表す0を書きわすれないようにしよう。

❶ 六十万七千百八十　(　　　)

❷ 三千九百五万千二十六　(　　　)

2 大きな数のしくみ　□にあてはまる数を書きましょう。

❶ 85294630の一万の位の数字は□で、千万の位の数字は□です。

❷ 1000を569こあつめた数は□です。

考え方
❶

8	5	2	9	4	6	3	0
千万の位	百万の位	十万の位	一万の位	千の位	百の位	十の位	一の位

3 数直線　下の数直線について考えましょう。

260000　あ　270000　280000　い　う　310000

❶ あからうのめもりが表す数を書きましょう。

└いちばん小さい1めもりは、10こで10000になる数だから1000を表しています。

あ(　　　)　い(　　　)　う(　　　)

❷ 274000、289000を表すめもりに↑をかきましょう。

4 等号、不等号　□にあてはまる等号か不等号を書きましょう。

❶ 92100□91300　　❷ 547280□551120

❸ 30000＋70000□100000
10000を3+7=10で10こあつめた数になります。

❹ 800万－300万□600万
100万をもとにして計算します。

5 10倍の数や10でわった数　630を10倍、100倍、1000倍、10でわった数を書きましょう。

10倍した数 (　　　)　100倍した数 (　　　)　1000倍した数 (　　　)　10でわった数 (　　　)

100倍は10倍の10倍で、1000倍は100倍の10倍です。　一の位の0をとった数です。

できるナビ　大きい数では0の書きわすれや数えまちがえをしないように注意しよう。

練習のワーク②

教科書 ㊤110〜121ページ　答え 10ページ

できた数　/11問中

おわったらシールをはろう

1 大きな数のしくみ　□にあてはまる数を書きましょう。

❶ 71049052は、1000万を□こと、100万を□こと、1万を□こと、1000を□こと、10を□こと、1を□こあわせた数です。

❷ 360000は、1000を□こあつめた数です。

❸ 1000万を10倍した数を一億（いちおく）といい、□と書きます。

考え方

❶は、位取り（くらいど）を考えます。

7	1	0	4	9	0	5	2
千万の位	百万の位	十万の位	一万の位	千の位	百の位	十の位	一の位

❸は、10000000の10倍になります。

2 数直線　下の数直線について答えましょう。

90000
あ
100000
い

いちばん小さい1めもりは1000を表しているね。

❶ あ、いのめもりが表す数を書きましょう。

あ（　　　　）　い（　　　　）

❷ いのめもりが表す数は、1000を何こあつめた数でしょうか。

（　　　　）

3 不等号　□にあてはまる不等号を書きましょう。

❶ 61300□62100　❷ 479318□49289

❸ 9×9□80　❹ 200万＋300万□700万－100万

4 10倍の数　テープを58cmずつ切っていったら、ちょうど10本できました。はじめにテープは何cmあったでしょうか。

式

答え（　　　　）

できるナビ　大きい数の大きさをくらべるときは、まずけた数をくらべよう。

勉強した日　月　日

まとめのテスト①

教科書 上 110〜121ページ　答え 10ページ

時間 20分　とく点 /100点　おわったらシールをはろう

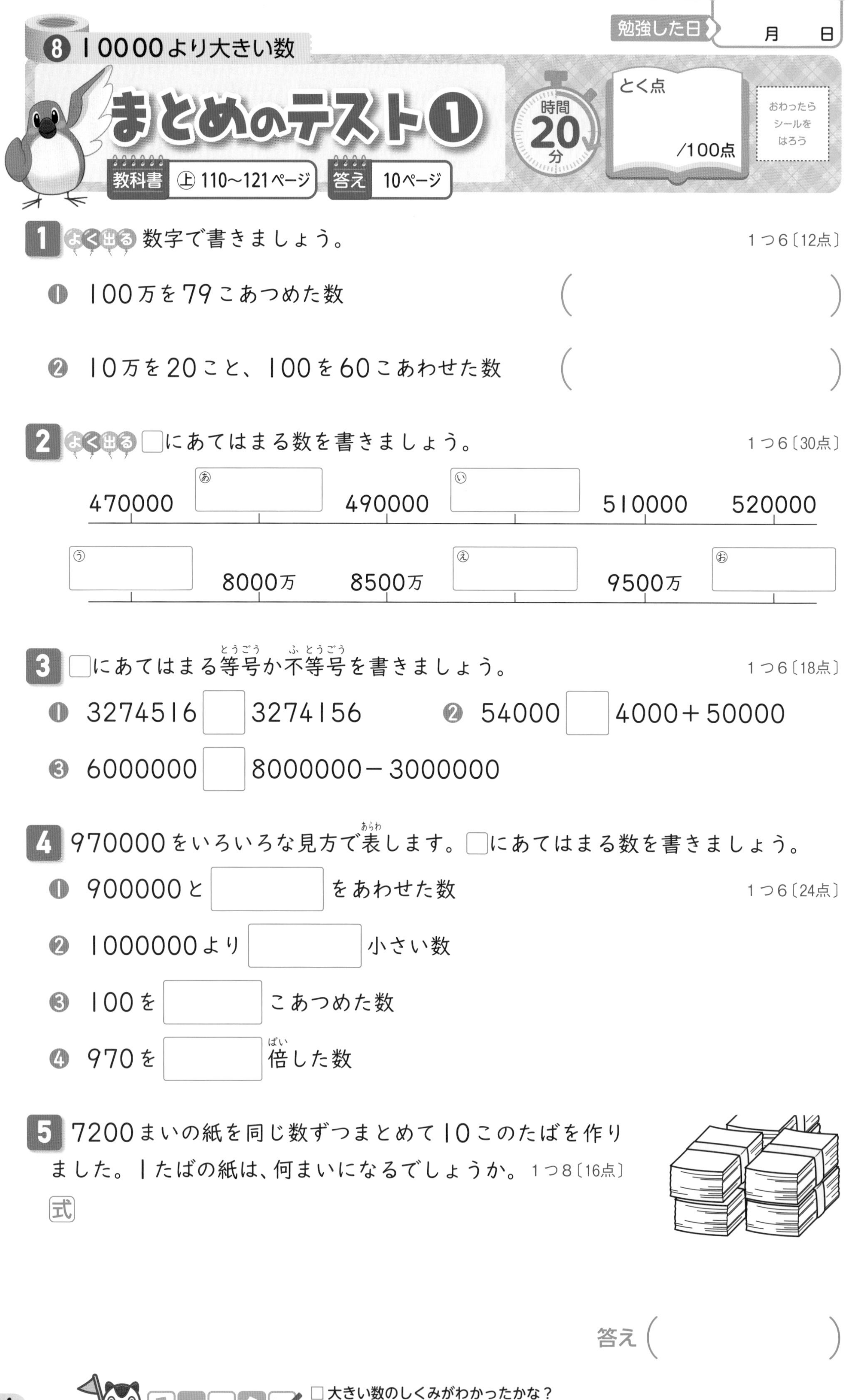

1 よく出る 数字で書きましょう。 1つ6〔12点〕

❶ 100万を79こあつめた数 (　　　)

❷ 10万を20こと、100を60こあわせた数 (　　　)

2 よく出る □にあてはまる数を書きましょう。 1つ6〔30点〕

470000　あ□　490000　い□　510000　520000

う□　8000万　8500万　え□　9500万　お□

3 □にあてはまる等号か不等号を書きましょう。 1つ6〔18点〕

❶ 3274516 □ 3274156　❷ 54000 □ 4000＋50000

❸ 6000000 □ 8000000－3000000

4 970000をいろいろな見方で表します。□にあてはまる数を書きましょう。

❶ 900000と□をあわせた数 1つ6〔24点〕

❷ 1000000より□小さい数

❸ 100を□こあつめた数

❹ 970を□倍した数

5 7200まいの紙を同じ数ずつまとめて10このたばを作りました。1たばの紙は、何まいになるでしょうか。 1つ8〔16点〕

式

答え (　　　)

チェック
□大きい数のしくみがわかったかな？
□数や式の大小をくらべて、不等号や等号を使って表すことができたかな？

1 □にあてはまる数を書きましょう。 1つ7〔42点〕

❶ 100万を10こと、1万を3こと、100を4こあわせた数は、□です。

❷ 1万を5こと、100を12こと、10を8こあわせた数は、□で、その数を10でわった数は□です。

❸ 204を1000倍した数は□です。

❹ 84000は□を840こあつめた数です。

❺ 3580000は、10000を□こあつめた数です。

2 下の数直線で、㋐のめもりが表す数について、答えましょう。 1つ8〔16点〕

10000 ㋐ ◆

❶ ◆が10100のとき、㋐のめもりが表す数はいくつでしょうか。

( )

❷ ◆が20000のとき、㋐のめもりが表す数はいくつでしょうか。

( )

3 1000万をいろいろな見方で表します。□にあてはまる数を書きましょう。 1つ8〔24点〕

❶ □を1000倍した数

❷ □を10でわった数

❸ 10万を□こあつめた数

4 水が350mL入ったペットボトルが100本あります。水は全部(ぜんぶ)で何mLあるでしょうか。 1つ9〔18点〕

式

答え( )

ふろくの「計算練習ノート」16ページをやろう！

チェック
□数直線のめもりが表す数がわかったかな？
□数を10倍、100倍、1000倍した数や10でわった数がわかったかな？

勉強した日 月 日

もくひょう
円のせいしつや、コンパスの使い方について学ぼう。

おわったらシールをはろう

円と球 [その1]

きほんのワーク

教科書 上 122～129ページ　答え 10ページ

きほん1 「円」のとくちょうがわかりますか。

☆右の円について、□にあてはまる言葉や数を書きましょう。
円のまん中の点アを、円の□、直線アイの長さを□といいます。直線アイの長さが4cmのとき、直線アウ、直線アエの長さはどちらも□cmです。

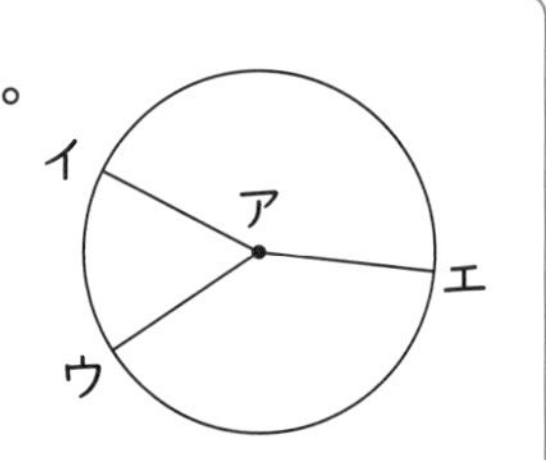

とき方 円のまん中の点を円の中心、中心から円のまわりまでかいた直線を半径といいます。直線アイ、直線アウ、直線アエはすべて半径で、１つの円の半径は、すべて同じ長さです。

答え 問題文中に記入

1 右の円で、点アは、円の中心です。あと長さがちがう直線はどれでしょうか。

教科書 123ページ1

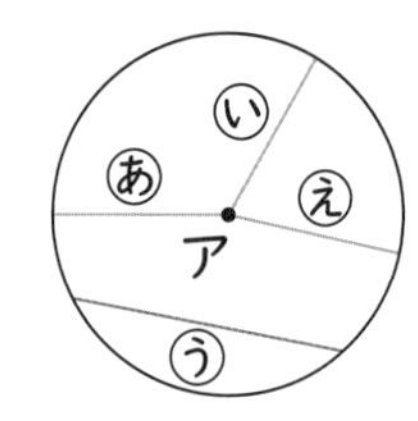

(　　　)

きほん2 直径と半径の関係がわかりますか。

☆右の円について、答えましょう。
❶ 半径が3cmのとき、直径は何cmでしょうか。
❷ 右の円の中の直線のうち、いちばん長い直線はどれでしょうか。あからうで答えましょう。

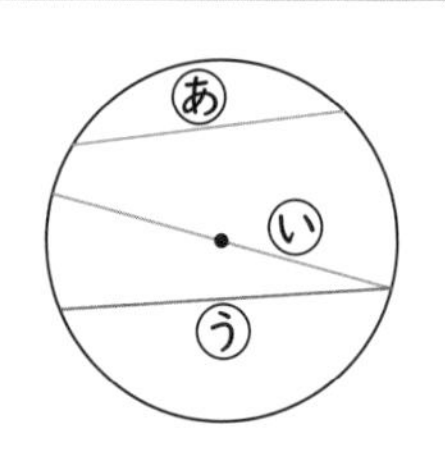

とき方 ❶ 直径の長さは、半径の長さの□倍なので、□cmです。
❷ 円のまわりからまわりまでかいた直線の中で、いちばん長いのは直径だから、直線□になります。

答え ❶ □cm　❷ □

2 □にあてはまる数を書きましょう。

教科書 125ページ2 127ページ3

❶ 半径が7cmの円の直径は、□cmです。
❷ 直径が16cmの円の半径は、□cmです。

直径の長さは、半径の長さの２倍だね。

円をたて方向や横方向にのばしたり、ちぢめたりした形を「だ円」というよ。円ににている形だけど、半径は同じ長さではなく、円とはちがう形なんだ。

きほん3 コンパスを使って、円がかけますか。

☆半径が2cmの円をかきましょう。

とき方 円をかく道具にコンパスがあります。円のかき方は、次のようにします。

1 コンパスを半径2cmの長さに開く。

2 中心を決めて、はりをさす。

3 ななめにかたむけてひと回りさせる。

答え

3 コンパスを使って、ノートに次の円をかきましょう。 教科書 128ページ4

❶ 半径が4cmの円　❷ 半径が7cmの円　❸ 直径が6cmの円

きほん4 コンパスを使って長さを写し取れますか。

☆コンパスを使って、下の直線を左はしから2cmずつ区切りましょう。

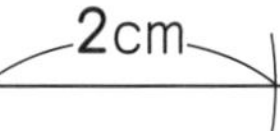

とき方 コンパスを使って、しるしをつけていきます。

1 コンパスを2cmの長さに開く。

2 直線の左はしにはりをさす。

3 直線に区切りを入れる。これをくり返す。

コンパスは、長さを写し取るときにも使えるよ。

答え 上の図に記入

4 コンパスを使って、アからイまでの長さを下の直線に写し取り、イの場所を表しましょう。 教科書 129ページ5

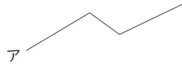

❶ ア　イ

ア ____________

❷

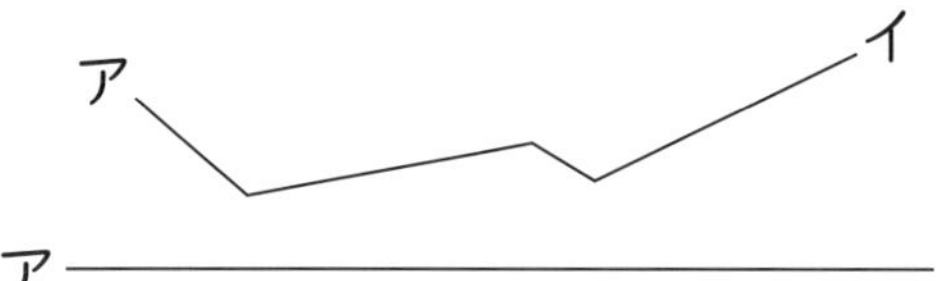

ア ____________

5 ㋐と㋑のどちらが長いでしょうか。 教科書 129ページ5

㋐

㋑

(　　　　)

ポイント 1つの円では、半径や直径はみんな同じ長さです。円のまわりからまわりまでかいた直線の中で、いちばん長い直線が直径で、直径の長さは半径の長さの2倍です。

勉強した日 月 日

円と球 [その2]

きほんのワーク

もくひょう
球のせいしつや球と円との関係を学び,使いこなせるようにしよう。

おわったらシールをはろう

教科書 上 130~131ページ 答え 11ページ

きほん1 「球」とは、どんな形をいいますか。

☆球の形をしたものをえらびましょう。 ㋐ 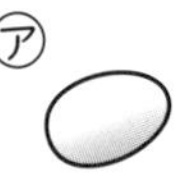 ㋑ 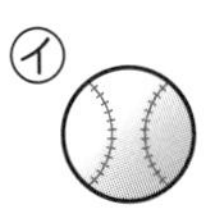 ㋒ 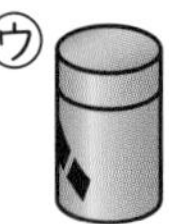

とき方 どこから見ても円に見える形を  といいます。㋐は見る場所によって形がちがって見えます。㋒は真横から見ると長方形に見えます。

答え □

たいせつ
球を切った切り口は、みんな円で、半分に切ったときいちばん大きくなります。球を半分に切ったとき、その切り口の円の中心、半径、直径を、それぞれ球の中心、半径、直径といいます。

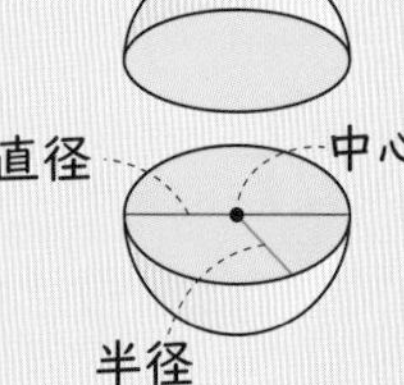

1 □にあてはまる言葉を書きましょう。 教科書 130ページ6

1. 球はどこで切っても、切り口の形は □ です。
2. 球はどこから見ても □ に見える形です。

ボールは真上や真横から見ても円に見えるから「球」だね。

きほん2 球の半径と直径の関係がわかりますか。

☆下のような球の直径は、何cmでしょうか。

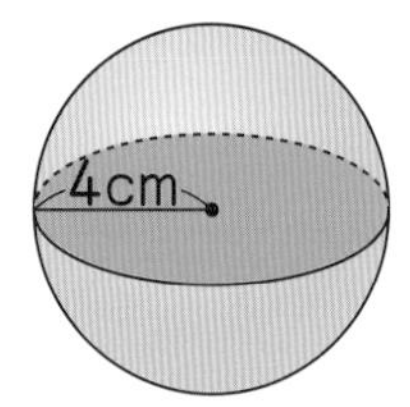

とき方 球の直径の長さは、球を半分に切ったときの切り口の円の半径の長さの □ 倍なので、□ cmです。

たいせつ
1つの球の半径は、みな同じ長さで、直径の長さは、半径の長さの2倍です。

答え □ cm

2 □にあてはまる数を書きましょう。 教科書 130ページ6

1. 直径が12cmの球の半径は □ cmです。
2. 半径が5cmの球の直径は □ cmです。

直径の長さは半径の長さの2倍だね。

地球の形は、球が少しだけ横にふくらんだ形をしているんだ。1735年から8年かけてフランス学士院が調べて、地球の形がかんぜんな球ではないことがわかったんだ。

3 右の図の球を切ったとき、切り口がいちばん大きくなるのは、㋐から㋒のどこで切ったときでしょうか。

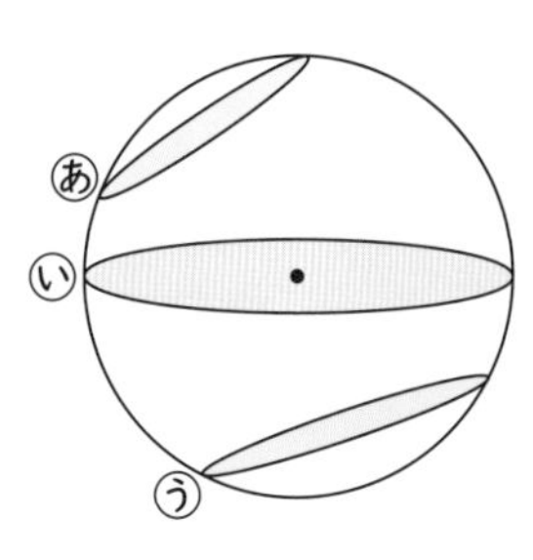

教科書 130ページ6

（　　　　）

きほん3 球のせいしつをり用することができますか。

☆右のように、直径が4cmのボールを、1列にぴったりとつつの中に入れます。ボールを何こ入れることができるでしょうか。

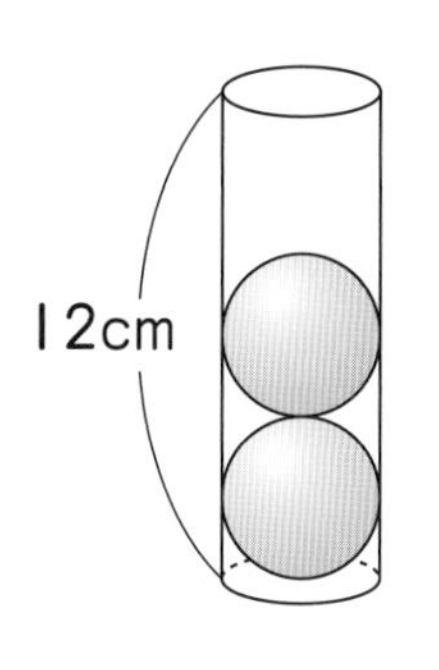

とき方 ボールの直径は4cmだから、長さが12cmのつつの中に、12÷□＝□より、□こぴったりと入れることができます。

ボールの直径の何こ分がつつの高さになるか考えればいいね。

答え □こ

4 右のように、同じ大きさのボールが2こぴったり入っている箱があります。

❶ ボールの直径は何cmでしょうか。 教科書 130ページ6

（　　　　）

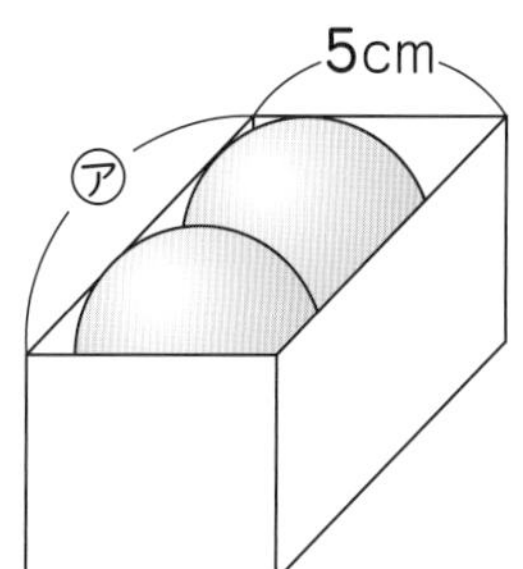

❷ 箱の㋐の長さは何cmでしょうか。

（　　　　）

5 2まいの板を使って、ボールの直径をはかります。下の図は、2まいの板とボールの様子を真上から見たところです。ボールの直径を正しくはかれるものは、㋐から㋒のどれでしょうか。

教科書 130ページ6

㋐

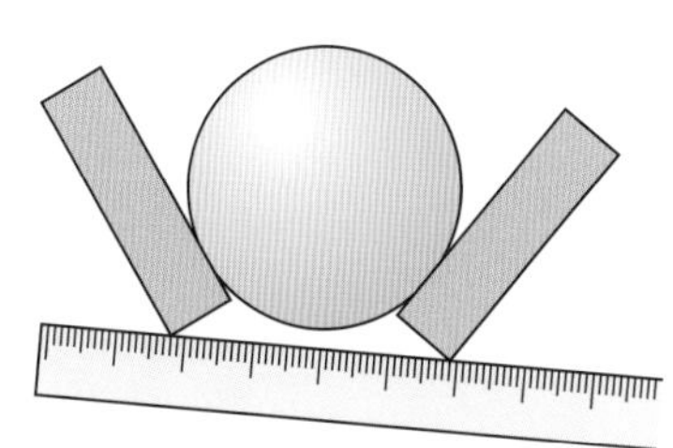

㋑

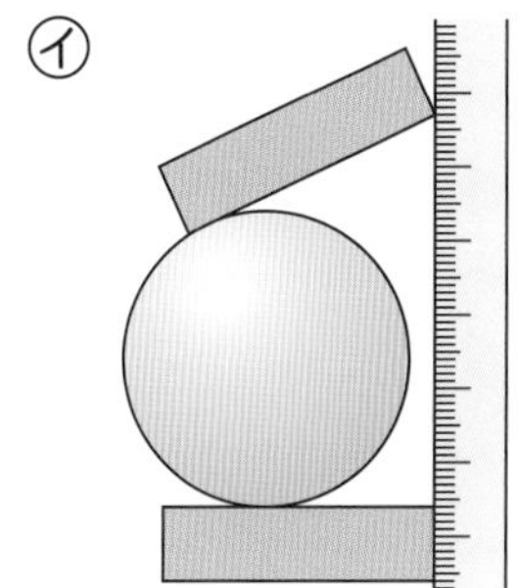

㋒

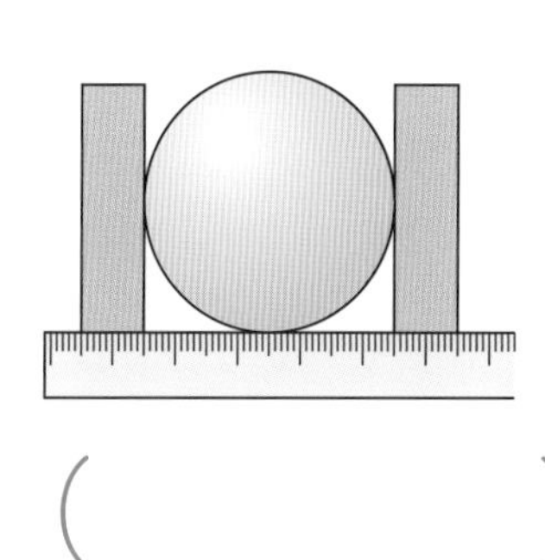

（　　　　）

ポイント 球を中心を通る円で切ったとき、切り口の円はいちばん大きくなります。球の中心を通る円の半径が球の半径、円の直径が球の直径です。

勉強した日　月　日

教科書 (上) 122〜135、148ページ　答え 11ページ

できた数　/7問中

おわったらシールをはろう

1 円と球のとくちょう　□にあてはまる言葉や数を書きましょう。

❶ 直径が10cmの円の半径は、□cmです。

❷ 球を真上から見ると、□に見えます。

❸ 半径が6cmの球の直径は、□cmです。

円と球
- 円の半径の長さは直径の長さの半分です。
- 球はどこから見ても円に見えます。
- 球の直径の長さは半径の長さの2倍です。

2 円のとくちょう　下の図について答えましょう。

❶ アの点から2cm5mmはなれたところにある点を全部答えましょう。

（　　　　）

❷ アの点から3cmより遠いところにある点を全部答えましょう。

（　　　　）

イ　ウ　エ　オ　カ　キ　ア　シ　コ　サ　ク　ケ

考え方
アの点を中心にして、❶は半径2cm5mmの円、❷は半径3cmの円をコンパスを使ってそれぞれかきます。

3 円のとくちょう　右の図のように、半径9cmの円の直径の上に同じ大きさの円が3こならんでいます。小さい円の直径は何cmでしょうか。

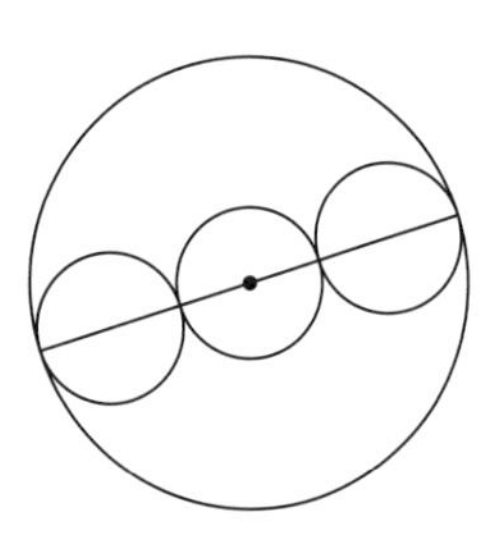

（　　　　）

4 球のとくちょう　直径が8cmのボールが3こあります。これを右のように、ぴったりくっつけてつつの中に入れるには、つつの高さは何cmあればよいでしょうか。

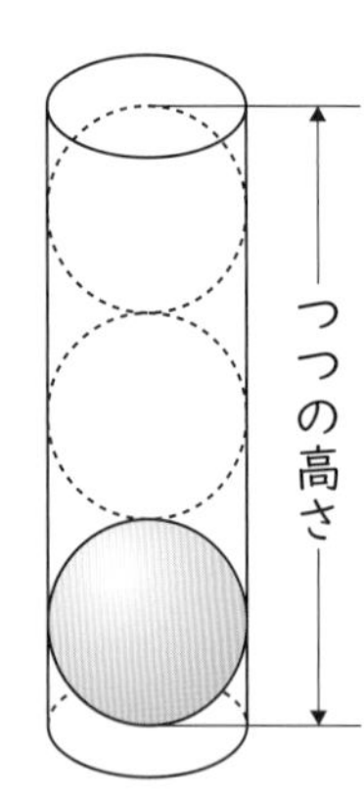

（　　　　）

できるナビ　円や球のとくちょうをおぼえておこう。

時間 20分

とく点 /100点

おわったらシールをはろう

1 半径が6cmの円と直径が13cmの円では、どちらのほうが大きいでしょうか。〔20点〕

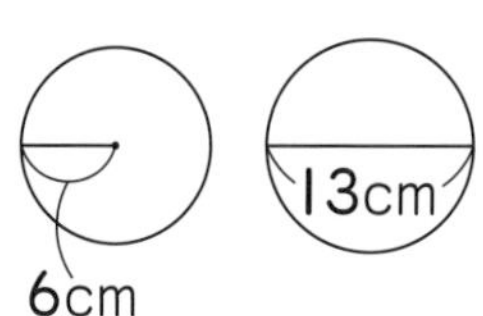

（　　　　）

2 よく出る 右の図のように、直径4cmの円をならべました。1つ15〔30点〕

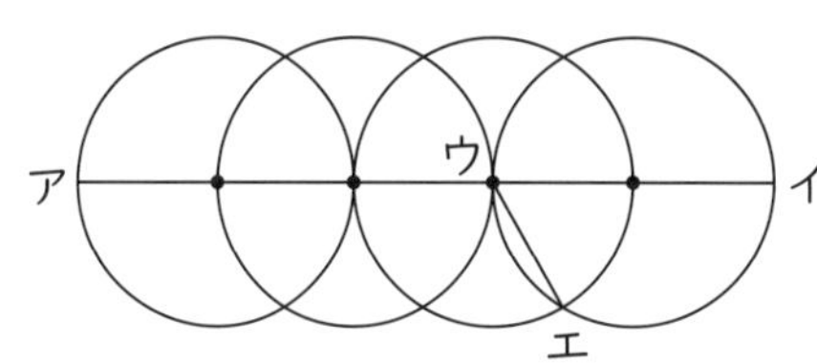

❶ 直線アイの長さは何cmでしょうか。

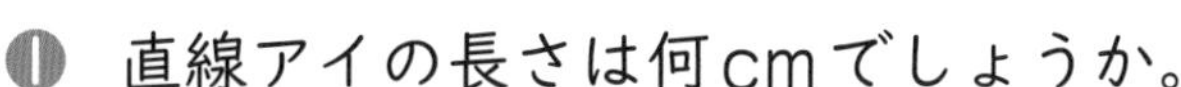

（　　　　）

❷ 直線ウエの長さは何cmでしょうか。

（　　　　）

3 よく出る 右のように、同じ大きさのボールが箱(はこ)の中にぴったり入っています。1つ15〔30点〕

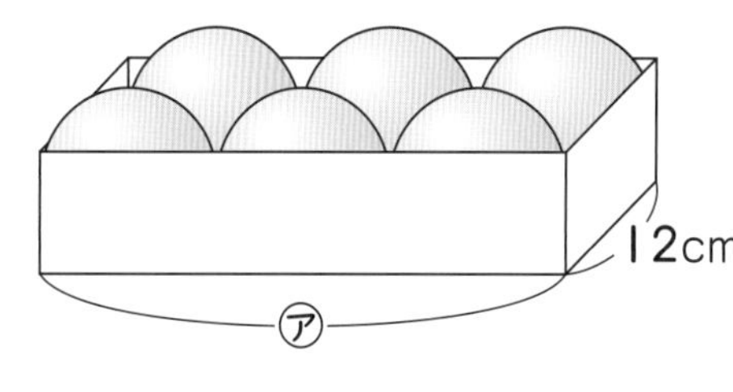

❶ ボールの直径は何cmでしょうか。

（　　　　）

❷ 箱の㋐の長さは何cmでしょうか。

（　　　　）

4 コンパスを使って、下の図と同じもようをかきましょう。〔20点〕

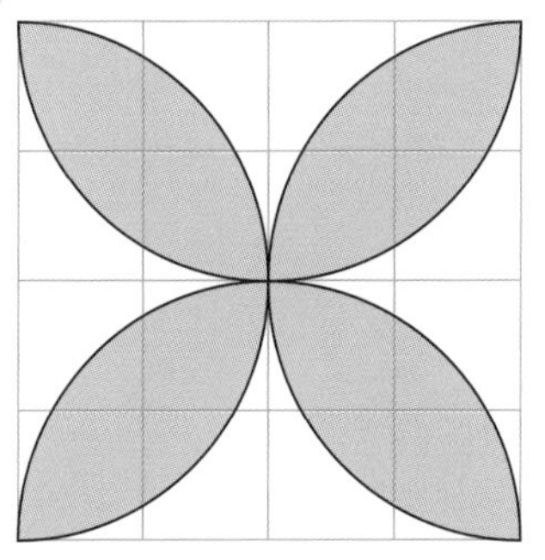

□円や球の直径と半径の長さがわかったかな？
□コンパスを使って、もようがかけたかな？

勉強した日　　月　　日

かけ算の筆算 [その1]

きほんのワーク

もくひょう
かけられる数が2けたのかけ算のしかたを学習しよう。

おわったらシールをはろう

教科書 下 4～10ページ　答え 12ページ

きほん1 「くり上がりのない2けた×1けたの計算」ができますか。

☆えんぴつが34本入った箱が2箱あります。全部で何本のえんぴつがあるでしょうか。

とき方　全部のえんぴつの本数をもとめる式は、□×□です。

《1》34を30と4に分けて考えると、

34×2（30と4に分ける）　30×2＝60、4×2＝8　→　60＋8＝68

《2》筆算で計算するときは、位をたてにそろえて書いて、一の位からじゅんに、かける数の九九を使って計算します。

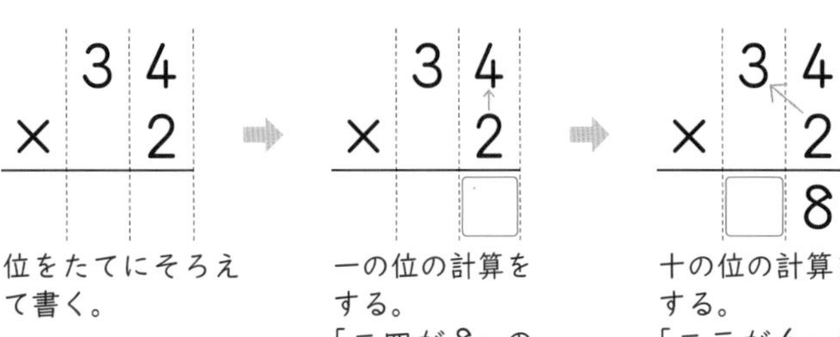

位をたてにそろえて書く。

一の位の計算をする。「二四が8」の8を一の位に書く。

十の位の計算をする。「二三が6」の6を十の位に書く。

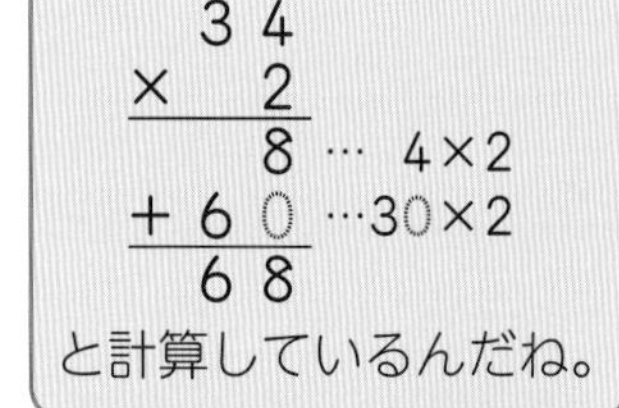

答え □本

1 計算をしましょう。

教科書 8ページ2

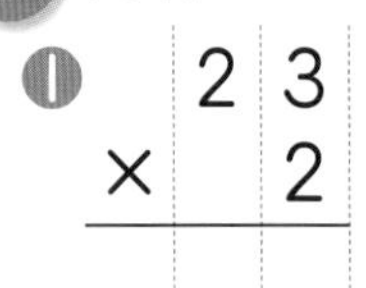

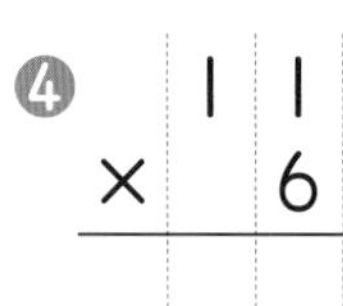

❶ 23×2　❷ 13×3　❸ 32×2　❹ 11×6

❺ 22×3　❻ 41×2　❼ 20×4　❽ 30×3

位ごとに分けて、九九を使って計算するんだね。

さんすうはかせ
[九九の表①] けた数がふえてもかけ算のきほんは九九の表だけど、その九九の答えで、一の位の数が全部ちがっているだんはどのだんかな。
（答えは64ページ）

2 |つの辺の長さが22cmの正方形のまわりの長さは何cmでしょうか。 教科書 5ページ1

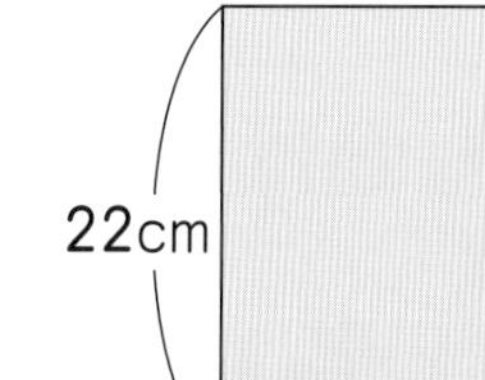

式

答え（　　　　）

きほん2 「くり上がりのある2けた×|けたの計算」ができますか。

☆59×7の計算のしかたを考えましょう。

とき方 筆算で計算するときは、位をたてにそろえて書いて、一の位からじゅんに、かける数の九九を使って計算します。

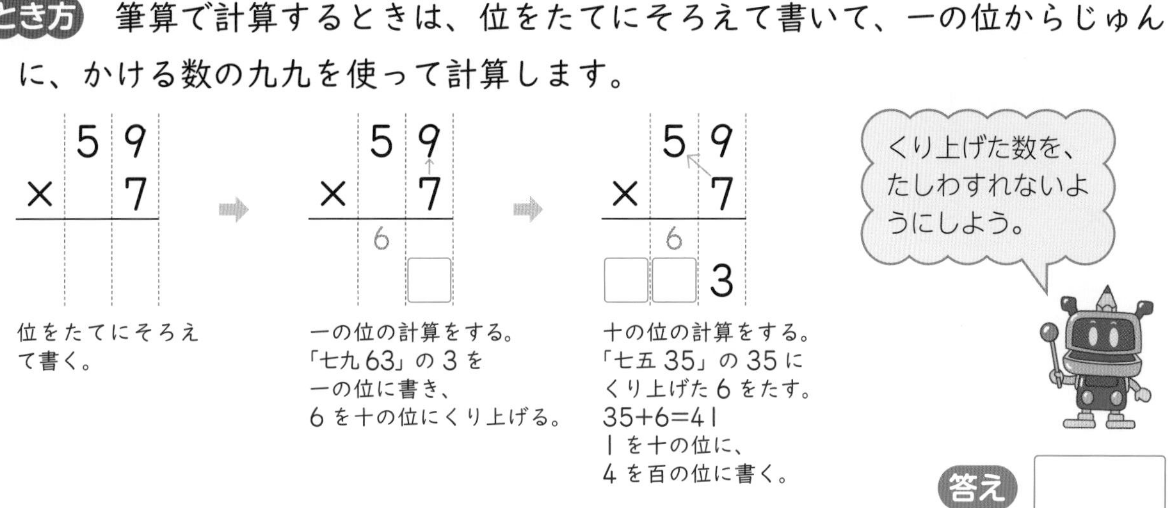

59
×7
59
×7
6
59
×7
6
3
位をたてにそろえて書く。
一の位の計算をする。
「七九63」の3を
一の位に書き、
6を十の位にくり上げる。
十の位の計算をする。
「七五35」の35に
くり上げた6をたす。
35+6=41
|を十の位に、
4を百の位に書く。
くり上げた数を、たしわすれないようにしよう。
答え

3 計算をしましょう。 教科書 9ページ3 10ページ4・5

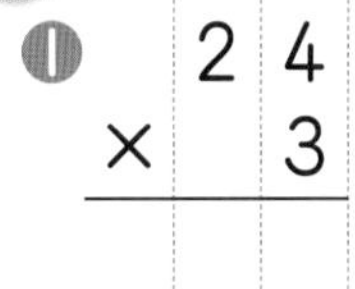
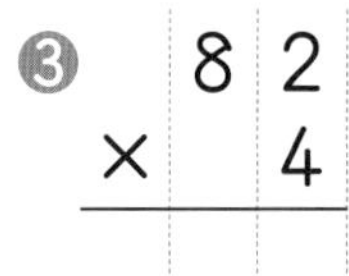
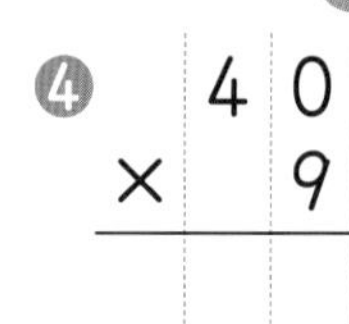
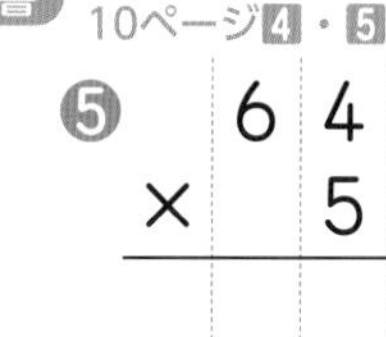

❶ 24 × 3
❷ 35 × 2
❸ 82 × 4
❹ 40 × 9
❺ 64 × 5
❻ 87 × 6
❼ 29 × 4
❽ 34 × 3
❾ 38 × 8
❿ 58 × 7

4 トラックで、荷物を|回に94こずつ運びます。8回運ぶと、全部で何この荷物を運べるでしょうか。 教科書 10ページ4

式

答え（　　　　）

ポイント 筆算は、位をたてにそろえて書いて、一の位、十の位のじゅんに、かける数の九九を使って計算します。くり上がりに気をつけましょう。

勉強した日　月　日

かけ算の筆算［その2］

きほんのワーク

もくひょう・
かけられる数が3けたのかけ算のしかたを学習しよう。

おわったらシールをはろう

教科書 ㊦ 11～15ページ　答え 12ページ

きほん1 「くり上がりのない 3 けた×1 けたの計算」ができますか。

☆213円のおかしを3こ買いました。代金は何円になるでしょうか。

とき方　代金をもとめる式は、□×3です。筆算は、位をたてにそろえて書いて、一の位からじゅんに、かける数の九九を使って計算します。

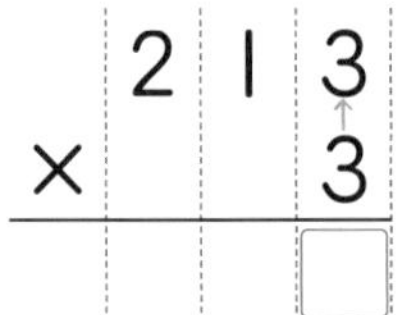
「三三が9」の9を一の位に書く。

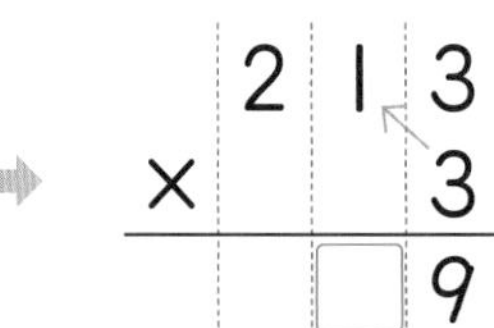
「三一が3」の3を十の位に書く。

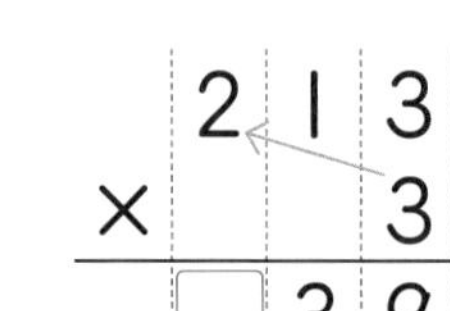
「三二が6」の6を百の位に書く。

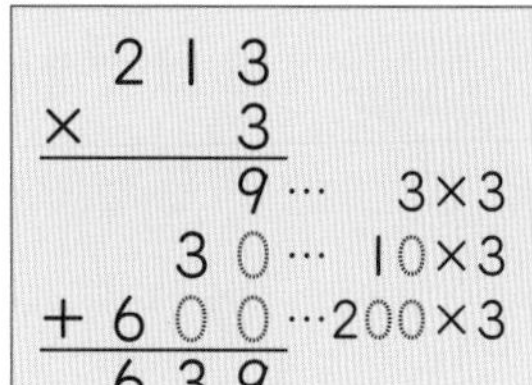

答え □円

1 計算をしましょう。

教科書 11ページ6

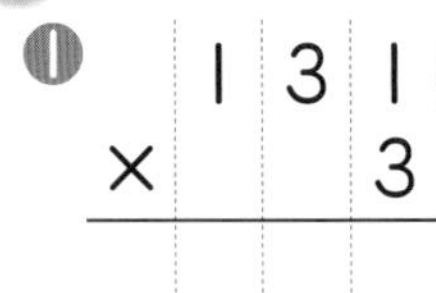
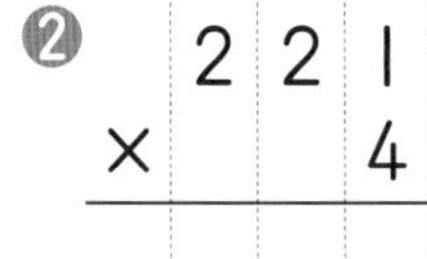
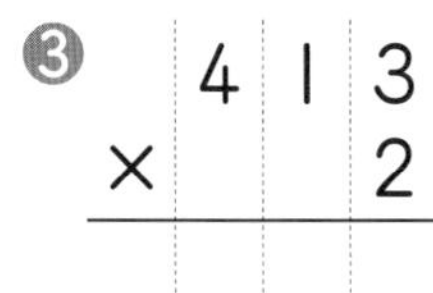
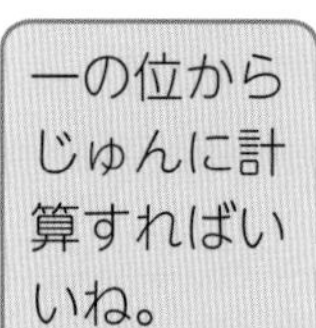

一の位からじゅんに計算すればいいね。

きほん2 「くり上がりのある 3 けた×1 けたの計算」ができますか。

☆265×3の計算をしましょう。

とき方　一の位からじゅんに計算します。くり上げた数をたしわすれないようにします。

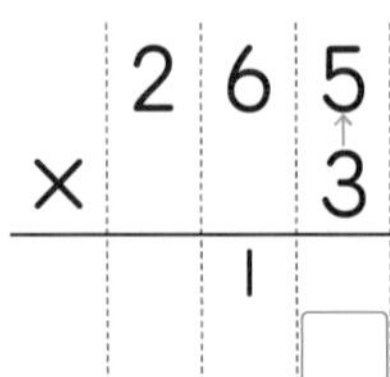
「三五 15」の5を一の位に書き、1を十の位にくり上げる。

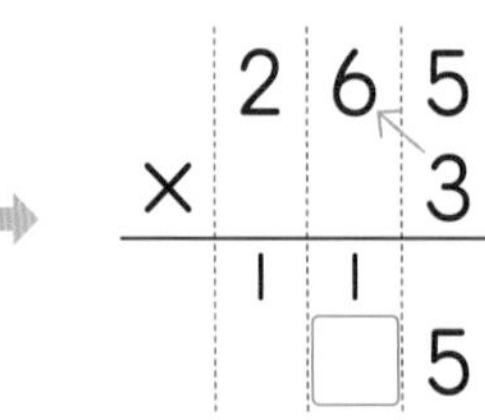
「三六 18」の18にくり上げた1をたす。
18+1=19
9を十の位に書き、
1を百の位にくり上げる。

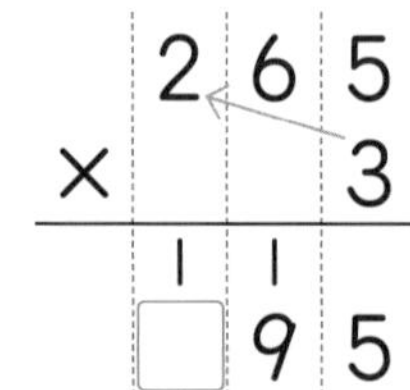
「三二が6」の6にくり上げた1をたす。
6+1=7
7を百の位に書く。

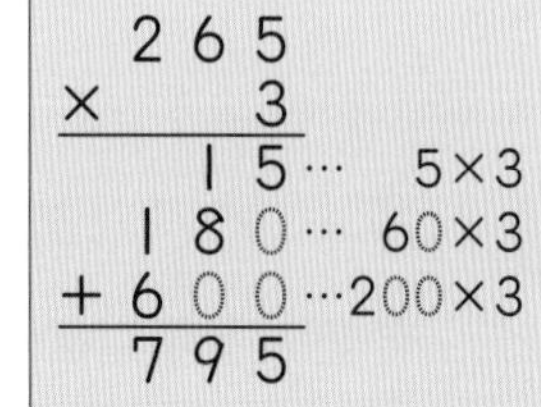

答え □

さんすうはかせ
［九九の表②］九九の答えの一の位は、1のだんは「1→9」、9のだんは「9→1」になるよ。3と7のだんはふえたり、へったりしながら、1～9が出てくるね。

2 計算をしましょう。 教科書 13ページ7・8 14ページ9

❶ 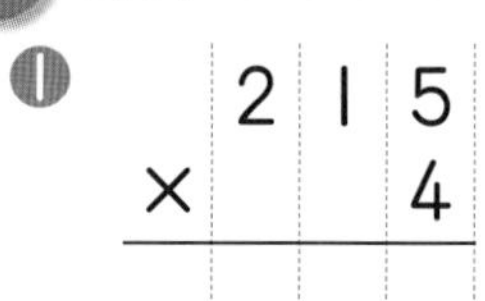

❷ 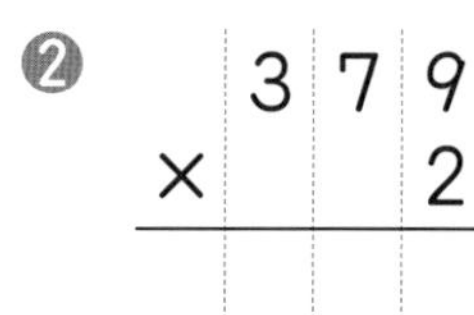

❸ 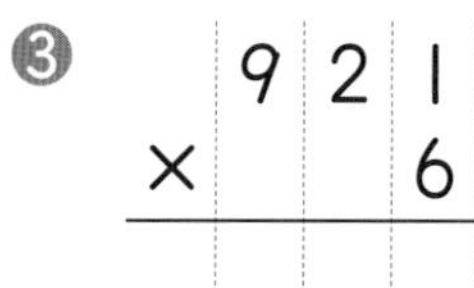

❹ 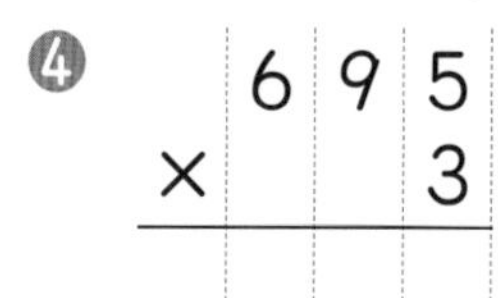

❺ 503 × 7

❻ 490 × 7

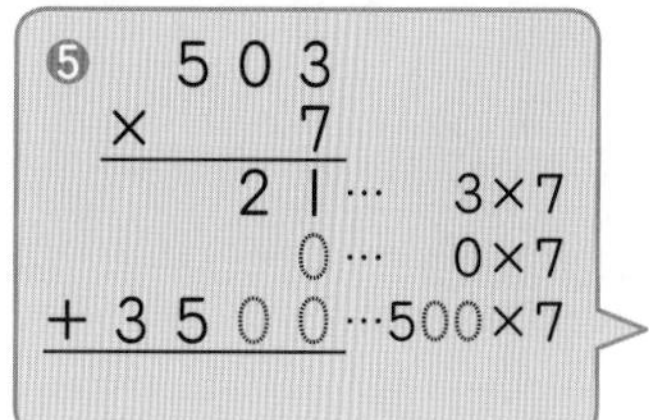

3 1しゅうが725mの池のまわりを5しゅう歩きました。歩いた道のりは、全部（ぜんぶ）で何mでしょうか。 教科書 13ページ8

式

答え（　　　　）

4 1こ420円のケーキを5こ買いました。代金は何円になるでしょうか。 教科書 14ページ9

式

答え（　　　　）

きほん3 「かけ算の暗算」ができますか。

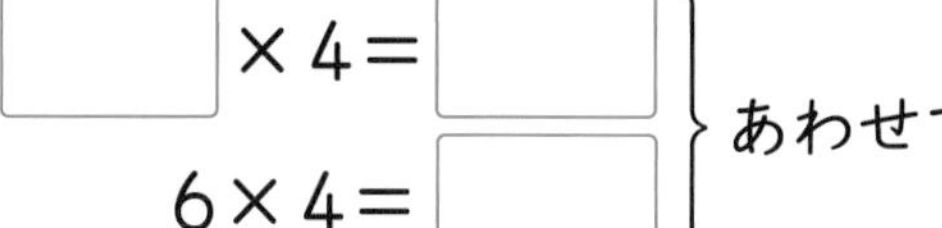

とき方 26×4は、26を□と6に分けると、暗算で計算しやすくなります。

□×4=□
6×4=□
あわせて□

計算しやすい何十の数と1けたの数に分けて考えていくよ。

答え □

5 暗算でしましょう。 教科書 15ページ10

❶ 22×6　　❷ 52×3　　❸ 63×5

ポイント (3けた)×(1けた)の筆算のしかたは、(2けた)×(1けた)の筆算と同じようにします。くり上がりに注意（ちゅうい）して計算しましょう。

勉強した日　月　日

練習のワーク①

教科書 ㊦ 4～19ページ　答え 12ページ

できた数　/13問中

おわったらシールをはろう

1 筆算のしかた　筆算(ひっさん)のまちがいを見つけて、正しく計算しましょう。

❶

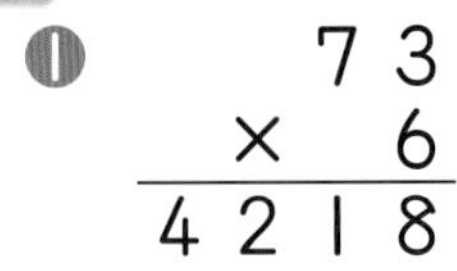

```
   73
×   6
 4218
```

❷

```
  402
×   3
  126
```

❶はくり上げた数をどこにたすかたしかめよう。

2 かけ算の筆算　計算をしましょう。

❶ 36×3　❷ 92×4　❸ 45×8

❹ 173×5　❺ 590×7　❻ 306×8

3 (2けた)×(1けた)の計算　28まいを1たばにしたおり紙が9たばあります。おり紙は、全部(ぜんぶ)で何まいあるでしょうか。

式

答え（　　　）

4 (3けた)×(1けた)の計算　1こ620円のべんとうを5こ買いました。代金(だいきん)は何円になるでしょうか。

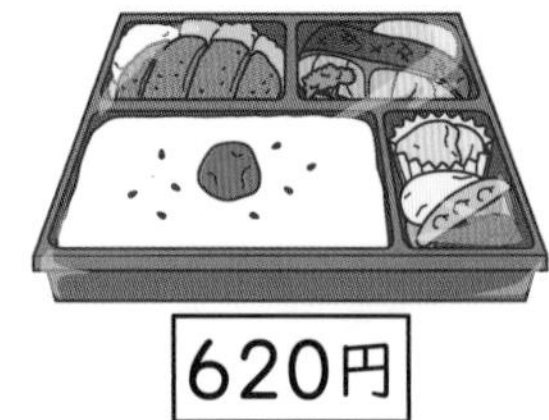

式

答え（　　　）

5 暗算　暗算(あんざん)でしましょう。

❶ 32×4　❷ 25×6　❸ 18×9

考え方

❶32を30と2に分けて考えます。

30×4＝120

2×4＝　8

あわせて

120＋8＝128

できるナビ　かけ算の筆算ではくり上げた数をわすれずにたしましょう。

1 筆算のしかた 計算をしましょう。

❶ 65×9

❷ 118×4

❸ 357×5

❹ 605×7

2 かけ算の筆算 計算をしましょう。

❶ 32×3　❷ 18×4　❸ 548×6　❹ 480×4

3 (2けた)×(1けた)の計算 高さが12cmの箱(はこ)を7こ重(かさ)ねました。重ねた高さは何cmになるでしょうか。

式

答え（　　　　）

4 (3けた)×(1けた)の計算 328円のケーキを6こ買います。代金は何円になるでしょうか。

式

答え（　　　　）

5 あてはまる数 下のかけ算で、答えが300より小さくなるのは、□がどんな数のときでしょうか。□にあてはまる数をすべて書きましょう。

78×□

（　　　　）

できるナビ かけられる数の十の位(くらい)が0のときは、百の位のかけ算を書く場所(ばしょ)に気をつけましょう。

勉強した日　月　日

まとめのテスト❶

1 よく出る 計算をしましょう。　1つ5〔70点〕

❶ 90×2　❷ 14×2　❸ 14×7

❹ 88×6　❺ 46×5　❻ 37×8

❼ 69×3　❽ 701×7　❾ 243×2

❿ 982×4　⓫ 309×9　⓬ 635×8

⓭ 420×6　⓮ 825×4

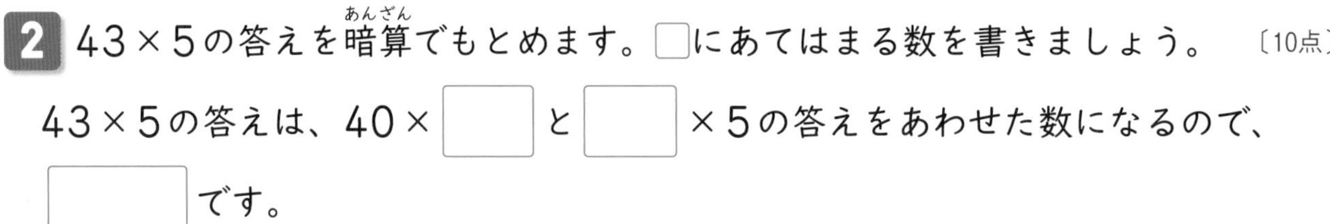

2 43×5の答えを暗算(あんざん)でもとめます。□にあてはまる数を書きましょう。　〔10点〕

43×5の答えは、40×□と□×5の答えをあわせた数になるので、

□です。

3 1まい510円のハンカチを8まい買いました。代金(だいきん)は何円になるでしょうか。　1つ5〔10点〕

式

答え（　　　　）

4 1しゅうが217mの公園のまわりを4しゅう走ります。走った道のりは、全部(ぜんぶ)で何mでしょうか。　1つ5〔10点〕

式

答え（　　　　）

□（2けた・3けた）×（1けた）の筆算(ひっさん)ができたかな？
□かけ算の暗算のしかたがわかったかな？

時間20分　とく点 /100点　おわったらシールをはろう

1 よく出る 計算をしましょう。 1つ6〔36点〕

❶ 27×5　❷ 51×7　❸ 121×3

❹ 244×4　❺ 197×9　❻ 805×4

2 長いリボンを切って、24cmのリボンを5本つくります。長いリボンは、何m何cmひつようでしょうか。 1つ8〔16点〕

式

答え（　　　）

3 467円のハンカチを7まい買いました。代金は何円になるでしょうか。 1つ8〔16点〕

式

答え（　　　）

4 1つのふくろにあめが15こ入っています。このあめの入ったふくろが1つの箱(はこ)に9こ入っていて、箱は7こあります。

❶ 1つの箱にあめが何こ入っているでしょうか。 1つ8〔32点〕

式

答え（　　　）

❷ あめは全部で何こあるでしょうか。

式

答え（　　　）

ふろくの「計算練習ノート」12～15ページをやろう！

□どんな計算になるかわかったかな？
□かけ算を使(つか)って、いろいろな問題(もんだい)がとけたかな？

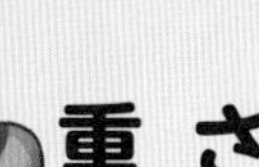

重さ きほんのワーク

もくひょう
重さの単位を理かいし、はかりのめもりをよめるようになろう。

おわったらシールをはろう

教科書 下 20〜31ページ　答え 13ページ

きほん1 はかりのしくみがわかりますか。

☆2つの物をはかりにのせて重さをはかったら、❶、❷のようになりました。それぞれの重さをもとめましょう。

❶ 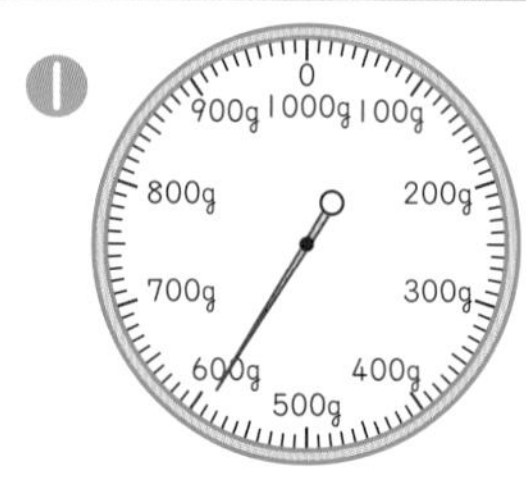

❷ 

とき方 ❶ 1めもりが10gで、1000gまではかれます。500gのところからめもりをよんでいくと□gです。

❷ 1めもりが□gで、□kgまではかれます。1kgのところからめもりをよんでいくと□kg□gです。

たいせつ
重さは、もとにする重さのいくつ分で表します。
重さの単位には、グラム(g)がありますが、重い物をはかるには**キログラム**(kg)という単位を使います。 1kg＝1000g

答え ❶ □g　❷ □kg□g

1 ノートと筆箱の重さを、1この重さが同じつみ木を使って調べました。下の図を見て、□にあてはまる言葉や数を書きましょう。

教科書 21ページ1

❶ ノートは、つみ木□こ分の重さです。

❷ 筆箱は、つみ木□こ分の重さです。

❸ ノートと筆箱では、□のほうが、つみ木□こ分だけ重くなっています。

2 重さを答えましょう。

教科書 24ページ2 26ページ3

❶ 

(　　　)

❷ 

(　　　)

❸ 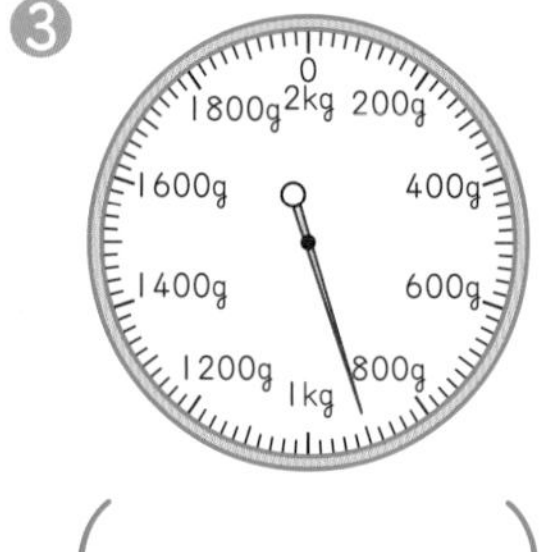

(　　　)

❹ 

(　　　)

さんすうはかせ
7000年ほど前のエジプトでは「てんびんはかり」が使われていて、日本でも江戸時代には両替をするのにはかりが使われていたんだよ。

きほん 2 「はかり方のくふう」ができますか。

☆300gの入れ物にりんごを入れて重さをはかったら、1kg600gありました。りんごだけの重さは何kg何gになるでしょうか。

とき方 りんごの重さは、全体(ぜんたい)の重さから入れ物の重さをひいてもとめます。

答え □kg□g

はかりにくいものの重さをはかるときは、入れ物をり用します。

3 600gのかごに、くりを2kg300g入れると、何kg何gになるでしょうか。

教科書 29ページ5

式

答え（　　　　）

きほん 3 単位のしくみがわかりますか。

☆□にあてはまる数を書きましょう。

❶ 1km＝□m　❷ 1kg＝□g　❸ 1000kg＝□t　❹ 1L＝□mL

とき方 1000こあつまると大きな単位になるしくみがあります。

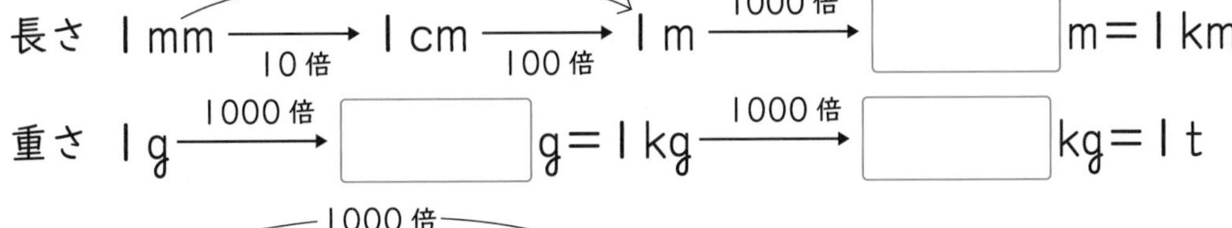

かさ 1mL →100倍→ 1dL →10倍→ 1L
(1mL →1000倍→ 1L)

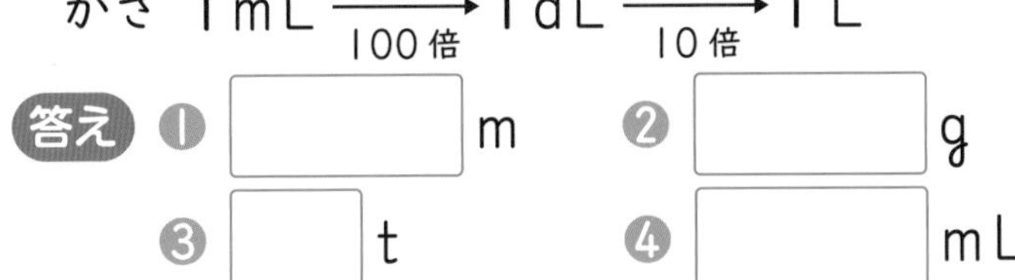

たいせつ

とても重い物をはかるときの単位に、**トン**「t」があります。
1t＝1000kg

4 □にあてはまる数を書きましょう。

教科書 30ページ6 31ページ7

❶ 1m＝□mm　❷ 1000mL＝□L

❸ 1000g＝□kg　❹ 1000m＝□km

❺ 1t＝□kg　❻ 2000kg＝□t

ポイント いままで勉強(べんきょう)した単位には、次のようなものがあります。
長さ→mm、cm、m、km　重さ→(mg)、g、kg、t　かさ→mL、dL、L、(kL)

勉強した日 月 日

練習のワーク

教科書 下 20～34ページ　答え 13ページ

できた数 /7問中　おわったらシールをはろう

1 重さ　てんびんのかたほうにつみ木をのせて、重さを調べました。右の表を見て、答えましょう。
それぞれ、つみ木何こ分の重さになっているかを調べます。

重さ調べ

はかった物	つみ木の数
国語の教科書	7こ
セロハンテープ	2こ
筆箱	12こ
じしゃく	7こ
はさみ	9こ

❶ いちばん重いものは何でしょうか。

(　　　　)

❷ いちばん軽いものは何でしょうか。

(　　　　)

❸ 同じ重さのものは、何と何でしょうか。
つみ木の数が同じものは、重さも同じになります。

(　　　　)

❹ つみ木1こは1円玉30ことつりあいました。セロハンテープの重さは、何gでしょうか。1円玉1この重さは1gです。

(　　　　)

❹ 1円玉1この重さはちょうど1gだから、つみ木1この重さは30gになるね。

2 はかり方のくふう　入れ物の重さをはかったら、右のようになりました。この入れ物にさとうを入れてはかったら、1kg100gありました。さとうを何g入れたでしょうか。
(さとうの重さ)=(全体の重さ)−(入れ物の重さ)

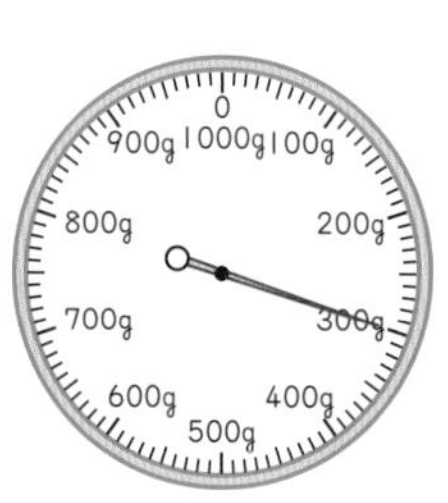

式

答え(　　　　)

はかりの使い方

1 平らなところにおく。
2 はりが0をさすようにする。
3 めもりを正面からよむ。

3 重さの単位　□にあてはまる単位を書きましょう。

❶ たけしさんの体重　28□

❷ トラック1台の重さ　3□

重さの単位

1000g=1kg　1000kg=1t

いろいろな単位

1kL=1000L　1g=1000mg

できるナビ　いろいろな物の重さをはかり、めもりを正しくよめるようになろう。

1 よく出る 重さを答えましょう。　1つ5〔20点〕

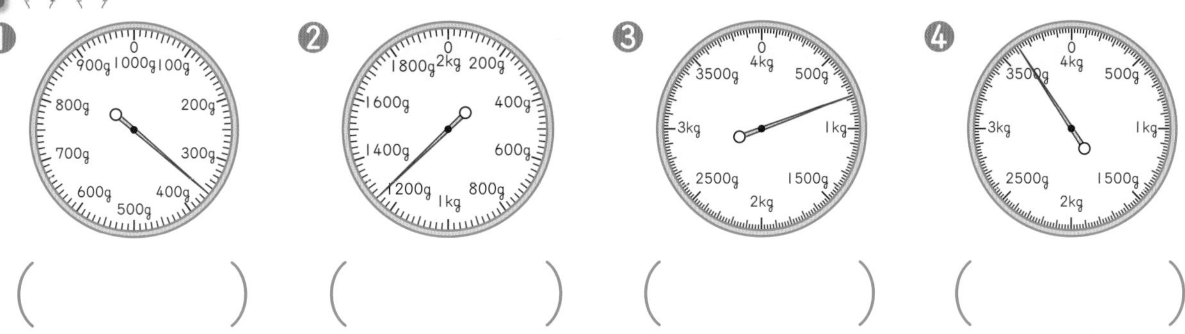

❶（　　）　❷（　　）　❸（　　）　❹（　　）

2 2800g、3kg、3800g、3kg80gを、重いじゅんに書きましょう。　〔12点〕

（　　　　　　）

3 □にあてはまる数を書きましょう。　1つ5〔40点〕

❶ 5kg=□g　❷ 1kg900g=□g

❸ 7000g=□kg　❹ 2180g=□kg□g

❺ 8020g=□kg□g　❻ 1kg5g=□g

❼ 7000kg=□t　❽ 5t=□kg

4 重さが400gの入れ物に、みかんを2kg700g入れました。全体の重さは何kg何gになるでしょうか。　1つ7〔14点〕

式

答え（　　　　）

5 本をかばんに入れて重さをはかったら、1kgありました。本だけの重さは350gです。かばんの重さは何gでしょうか。

式　1つ7〔14点〕

（　　　　）

ふろくの「計算練習ノート」22ページをやろう！

□ はかりのめもりを正しくよむことができたかな？
□ 重さの単位のしくみがわかったかな？

きほん1 「分数で表した大きさ」がわかりますか。

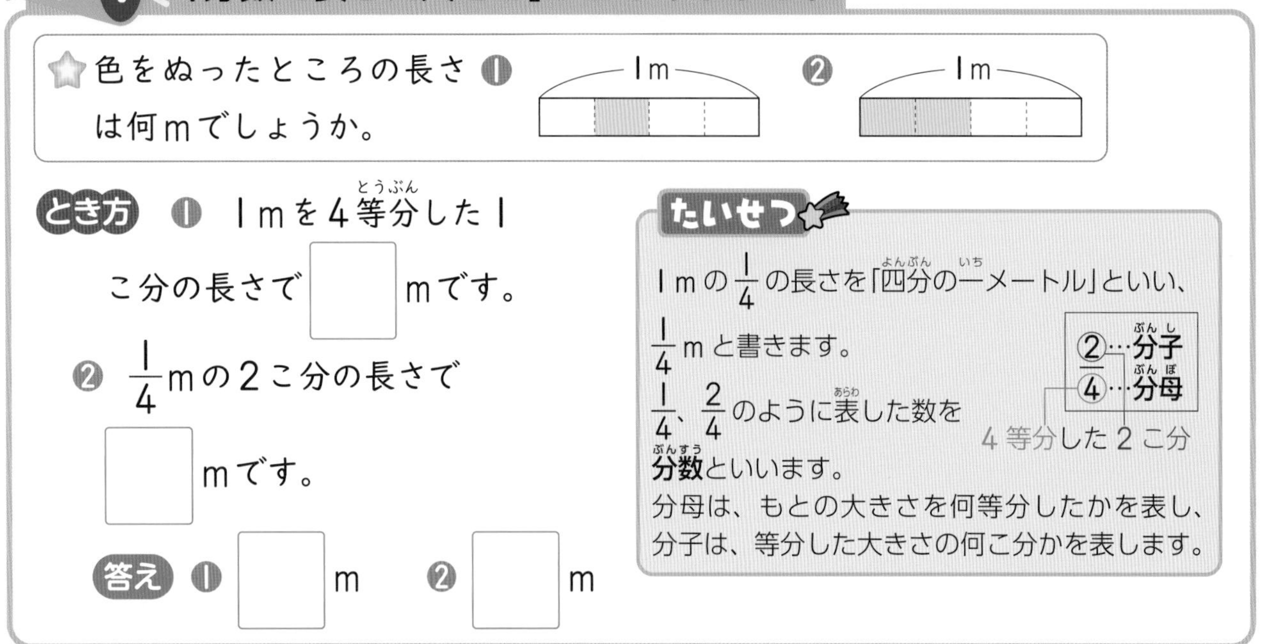

☆ 色をぬったところの長さは何mでしょうか。
❶ 1m
❷ 1m
とき方 ❶ 1mを4等分した1こ分の長さで □ mです。
❷ $\frac{1}{4}$mの2こ分の長さで □ mです。
答え ❶ □ m ❷ □ m
たいせつ
1mの$\frac{1}{4}$の長さを「四分の一メートル」といい、$\frac{1}{4}$mと書きます。
$\frac{1}{4}$、$\frac{2}{4}$のように表した数を分数といいます。
② …分子
④ …分母
4等分した2こ分
分母は、もとの大きさを何等分したかを表し、分子は、等分した大きさの何こ分かを表します。

1 色をぬったところの長さは▨の何こ分の長さで、何mでしょうか。

教科書 39ページ2

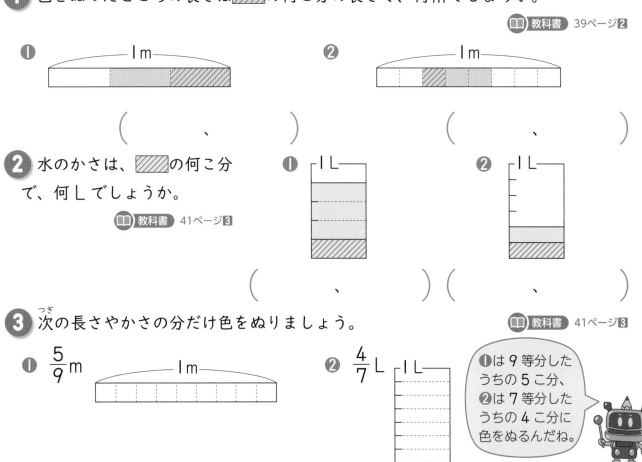

❶ 1m

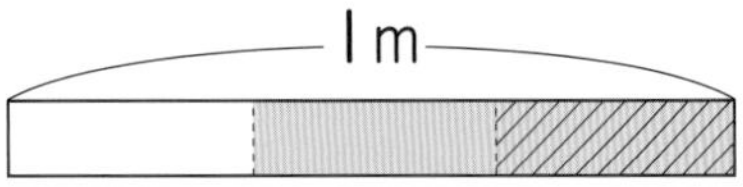

❷ 1m

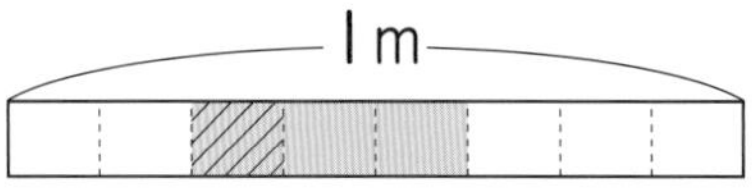

（　　　、　　　）　（　　　、　　　）

2 水のかさは、▨の何こ分で、何Lでしょうか。

教科書 41ページ3

❶ 1L

❷ 1L

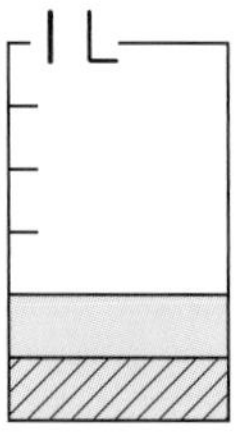

（　　　、　　　）（　　　、　　　）

3 次の長さやかさの分だけ色をぬりましょう。

教科書 41ページ3

❶ $\frac{5}{9}$m　1m

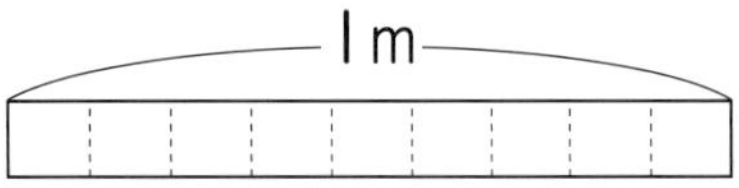

❷ $\frac{4}{7}$L　1L

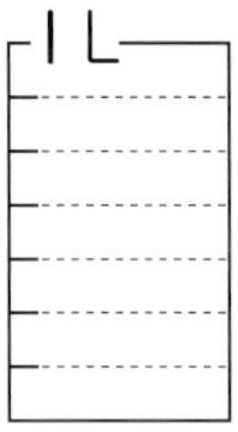

❶は9等分したうちの5こ分、❷は7等分したうちの4こ分に色をぬるんだね。

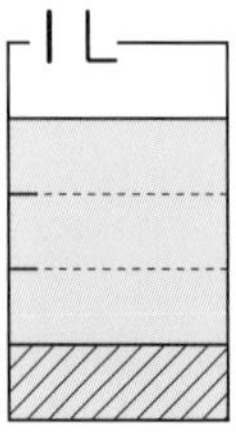

さんすうはかせ　分数は1の大きさを等分するので、1より小さいどのような大きさでも表すことができるんだよ。

きほん2 「1と同じ大きさの分数」がわかりますか。

☆右の数直線で、あから③にあたる分数を書きましょう。

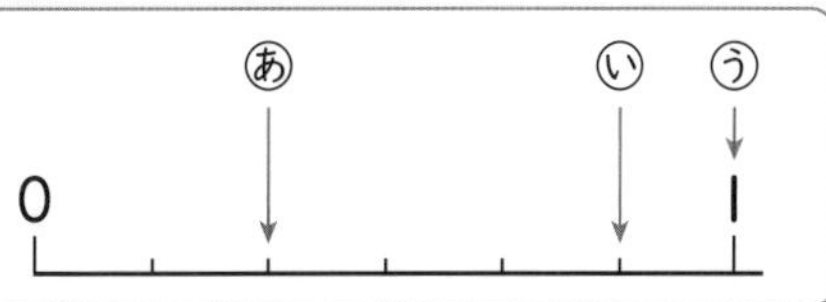

とき方 上の数直線のめもりは、0と1の間を6等分したところにうってあるので、1めもりの大きさは$\frac{1}{6}$にあたります。

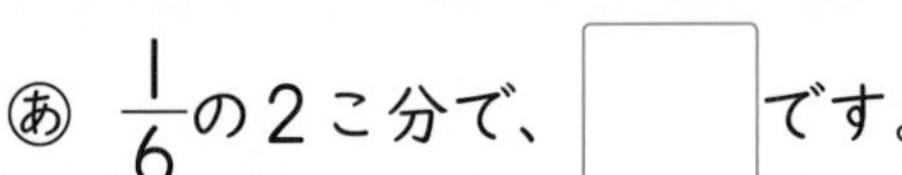

あ $\frac{1}{6}$の2こ分で、□です。

い $\frac{1}{6}$の5こ分で、□です。

う $\frac{1}{6}$の6こ分で、□です。

これはちょうど1になります。

たいせつ
分数の分母と分子が同じ数のときは、1になります。

4 下の数直線で、あから③の表す長さは、それぞれ何mでしょうか。

教科書 42ページ4

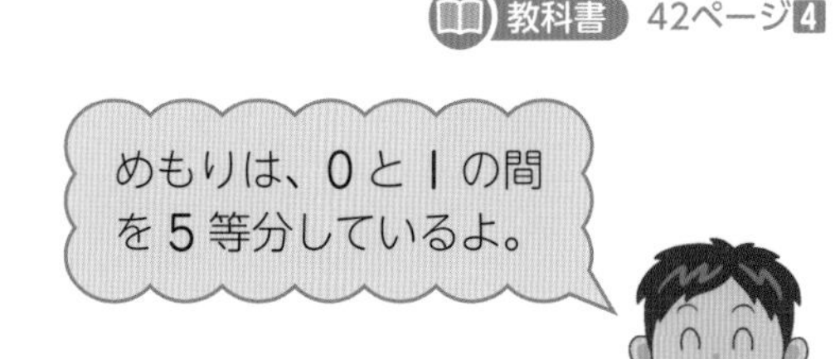

めもりは、0と1の間を5等分しているよ。

あ(　　　)　い(　　　)　う(　　　)

きほん3 分数の大小がわかりますか。

☆下の数直線を見て、□にあてはまる数を書きましょう。

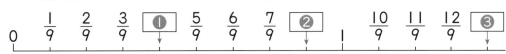

0　$\frac{1}{9}$　$\frac{2}{9}$　$\frac{3}{9}$　❶　$\frac{5}{9}$　$\frac{6}{9}$　$\frac{7}{9}$　❷　1　$\frac{10}{9}$　$\frac{11}{9}$　$\frac{12}{9}$　❸

とき方 問題(もんだい)の数直線には、分母が9の分数が書いてあるので、$\frac{1}{9}$の何こ分かを考えます。

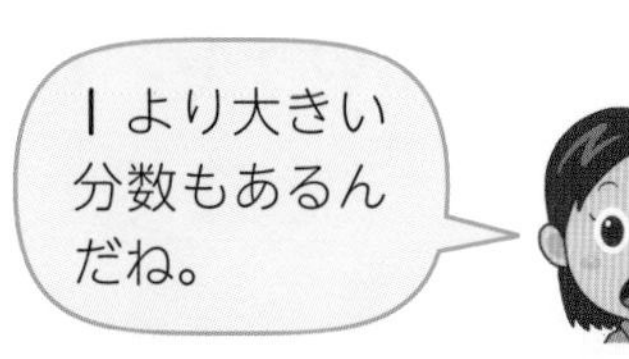

1より大きい分数もあるんだね。

答え ❶  ❷  ❸ 

5 数の大小をくらべて、□に等号(とうごう)か不(ふ)等号を書きましょう。

❶ $\frac{7}{9}$ □ $\frac{8}{9}$　　❷ $\frac{7}{7}$ □ 1　　❸ $\frac{12}{9}$ □ 1

ポイント 分母は、1Lや1mなどのもとになる大きさを何等分したかを表し、分子はそのいくつ分かを表します。分子の数が分母の数より大きくなることもあります。

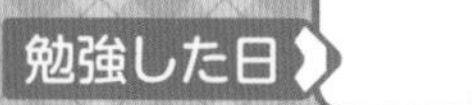
勉強した日　月　日

分数［その2］

きほんのワーク

もくひょう
分数のたし算やひき算が、できるようになろう。

おわったらシールをはろう

教科書 ㊦44～46ページ　答え 14ページ

きほん 1 「分数のたし算」ができますか。

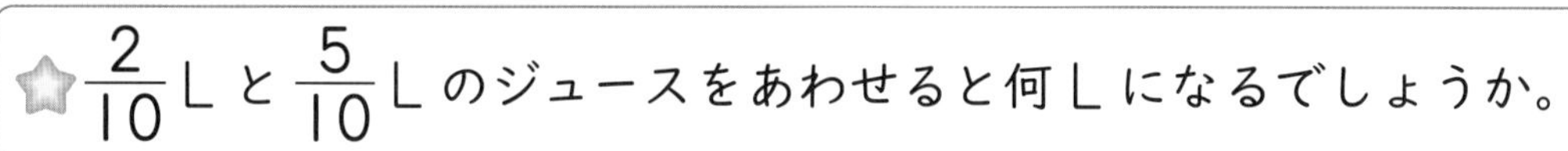

☆ $\frac{2}{10}$ L と $\frac{5}{10}$ L のジュースをあわせると何Lになるでしょうか。

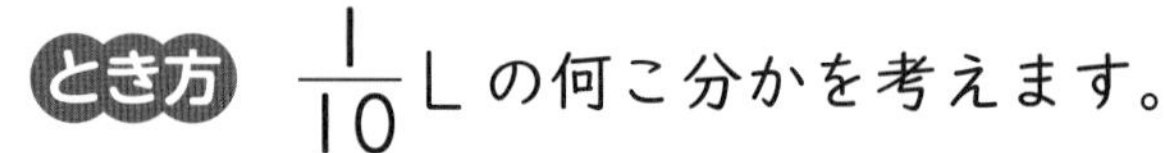

とき方 $\frac{1}{10}$ L の何こ分かを考えます。

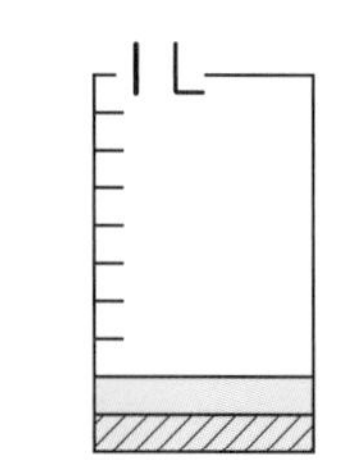

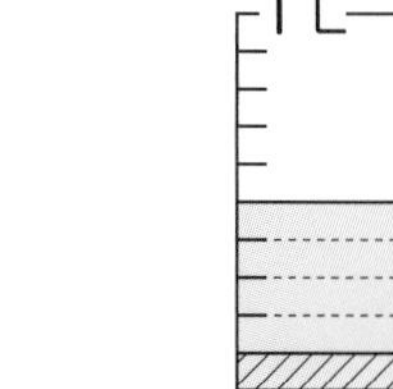

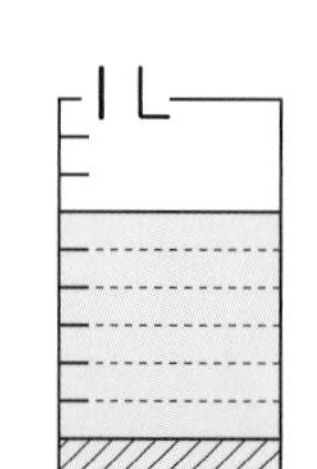

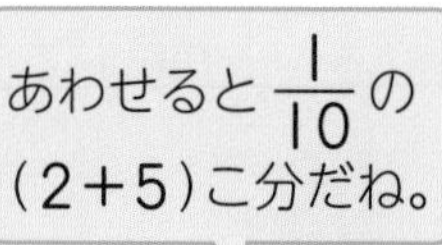

$\frac{1}{10}$ L の □ こ分　$\frac{1}{10}$ L の □ こ分　$\frac{1}{10}$ L の □ こ分

$\frac{□}{10}$ ＋ $\frac{□}{10}$ ＝ $\frac{□}{10}$

答え □ L

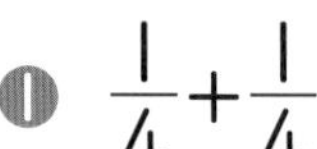

1 計算をしましょう。

教科書 44ページ6 45ページ7

❶ $\frac{1}{4}+\frac{1}{4}$

❷ $\frac{3}{6}+\frac{2}{6}$

❸ $\frac{1}{8}+\frac{3}{8}$

❹ $\frac{5}{9}+\frac{4}{9}$

❺ $\frac{3}{7}+\frac{4}{7}$

分母と分子の数が同じ分数は、1と同じ大きさになるよ。

2 $\frac{3}{8}$ m と $\frac{4}{8}$ m のリボンをあわせると、長さは何mになるでしょうか。

教科書 44ページ6

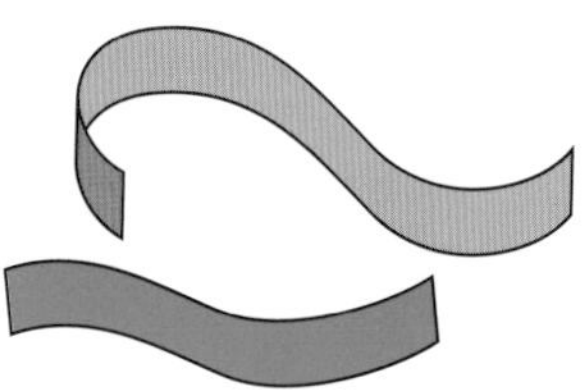

式

答え（　　　　）

さんすうはかせ　分数で、分子が分母より大きいときは1より大きい数を表していて、仮分数というよ。分子が分母より小さいときは1より小さい分数で真分数というんだ。

3 水とうに水が$\frac{6}{10}$L 入っています。そこへ水を$\frac{4}{10}$L 入れました。水とうの水は全部(ぜんぶ)で何 L になるでしょうか。 教科書 45ページ7

式

答え（　　　　　）

きほん2 「分数のひき算」ができますか。

☆ジュースが$\frac{6}{7}$L あります。$\frac{4}{7}$L 飲(の)むと、のこりは何 L になるでしょうか。

とき方 $\frac{1}{7}$L をもとにして考えます。

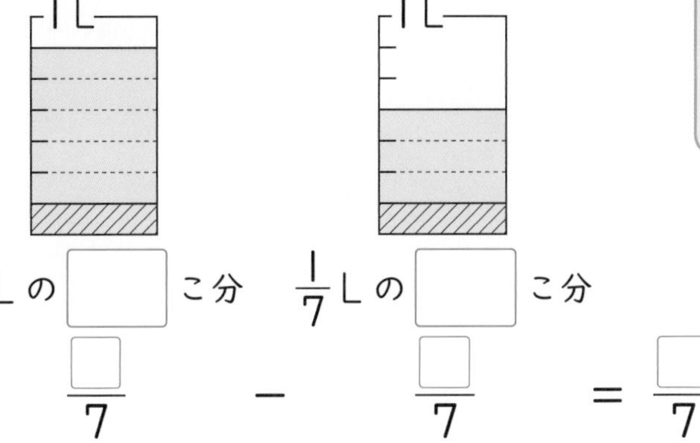

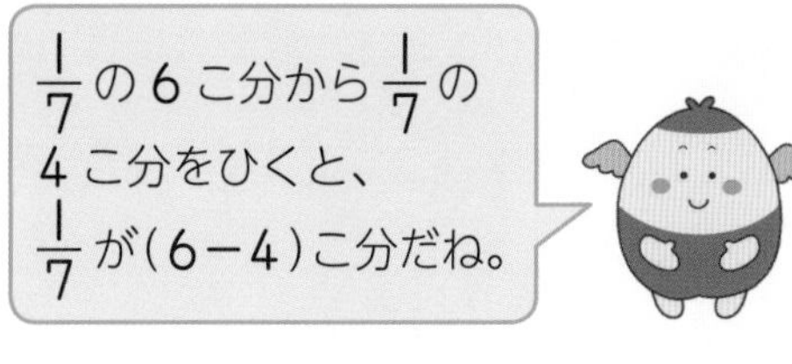

$\frac{1}{7}$の6こ分から$\frac{1}{7}$の
4こ分をひくと、
$\frac{1}{7}$が(6−4)こ分だね。

$\frac{1}{7}$L の □ こ分　$\frac{1}{7}$L の □ こ分

$\frac{□}{7}$ − $\frac{□}{7}$ = $\frac{□}{7}$

答え □ L

4 計算をしましょう。 教科書 46ページ8・9

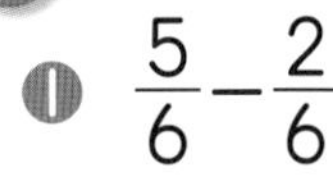

❶ $\frac{5}{6}-\frac{2}{6}$　❷ $\frac{4}{5}-\frac{2}{5}$　❸ $\frac{7}{8}-\frac{5}{8}$

❹ $1-\frac{1}{4}$　❺ $1-\frac{2}{5}$

❹、❺は、1を$\frac{4}{4}$や$\frac{5}{5}$として計算するんだね。

5 $\frac{7}{9}$mのリボンから、$\frac{5}{9}$mのリボンを切り取(と)りました。のこりは何mでしょうか。

式 教科書 46ページ8

答え（　　　　　）

6 オレンジジュースが1L、りんごジュースが$\frac{2}{3}$L あります。ちがいは何 L でしょうか。 教科書 46ページ9

式

答え（　　　　　）

ポイント 分母が同じ分数のたし算やひき算は、分母はそのままで、分子どうしをたしたり、ひいたりします。1は分母と分子が同じ数の分数にして計算します。

勉強した日 月 日

練習のワーク

教科書 ㊦ 36～49ページ 答え 14ページ

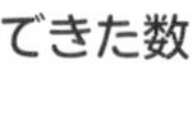

できた数 /19問中

おわったら シールを はろう

1 分けた大きさの表し方 色をぬったところの長さやかさを、分数で表しましょう。

考え方
❶ 1mを10等分した何こ分かを考えます。
❷❸ 1Lを何等分した何こ分かを考えます。

❶

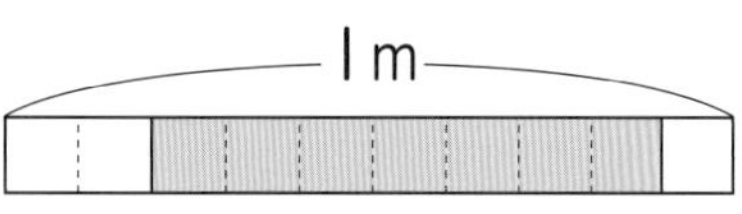

(　　)

❷

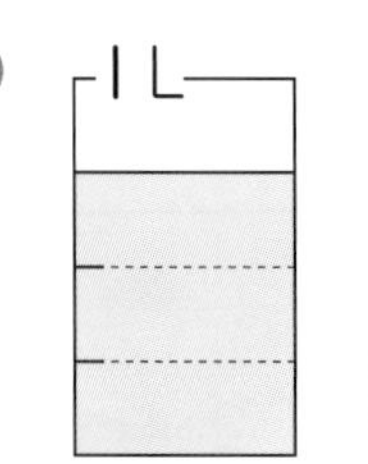

(　　)

❸

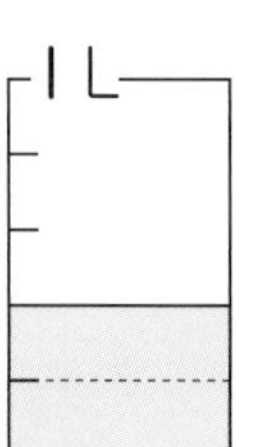

(　　)

2 分数の大きさの表し方 □にあてはまる数を書きましょう。

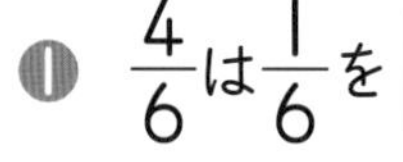

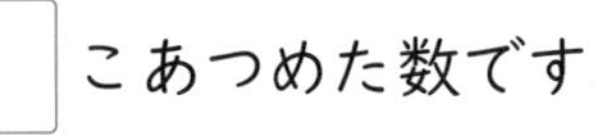

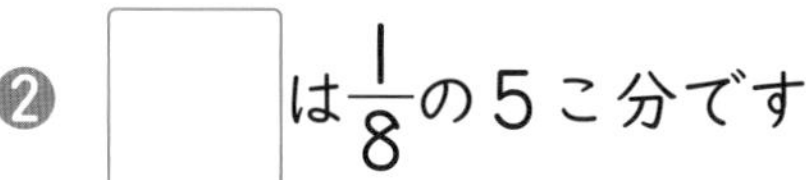

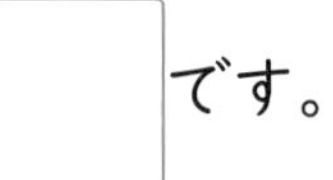

❶ $\frac{4}{6}$は$\frac{1}{6}$を□こあつめた数です。　❷ □は$\frac{1}{8}$の5こ分です。

❸ $\frac{1}{10}$Lの□こ分は1Lです。　❹ $\frac{1}{5}$の4こ分は□です。

3 分数の大小 数の大小をくらべて、□に等号か不等号を書きましょう。

❶ $\frac{2}{4}$ □ $\frac{3}{4}$　❷ $\frac{10}{9}$ □ $\frac{7}{9}$　❸ $\frac{6}{7}$ □ 1　❹ 1 □ $\frac{8}{8}$

4 分数のたし算の文章題 右の水のかさは、あわせて何Lでしょうか。

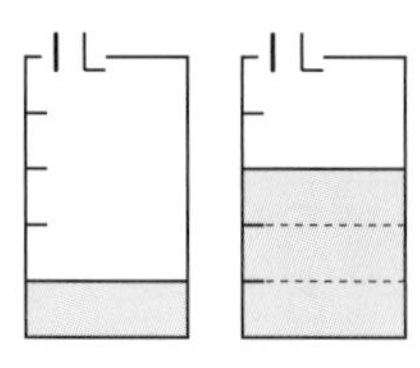

考え方
もとにする大きさに目をつけます。1めもりは$\frac{1}{5}$Lを表しています。

式

答え (　　)

5 分数のたし算・ひき算 計算をしましょう。

❶ $\frac{2}{6}+\frac{2}{6}$　❷ $\frac{2}{9}+\frac{3}{9}$　❸ $\frac{1}{8}+\frac{7}{8}$　❹ $\frac{5}{7}-\frac{2}{7}$

❺ $\frac{3}{4}-\frac{1}{4}$　❻ $1-\frac{3}{6}$　❼ $1-\frac{5}{10}$

できるナビ 分けた大きさを、分数で表せるようにしよう。

時間20分　とく点　/100点　おわったらシールをはろう

1 次(つぎ)の長さやかさを、分数を使(つか)って書きましょう。　1つ6〔12点〕

❶ 1mを3等分した1こ分の長さ　（　　　）

❷ 1Lを6等分した5こ分のかさ　（　　　）

2 次の数は、$\frac{1}{9}$を何こあつめた数でしょうか。　1つ5〔20点〕

❶ $\frac{5}{9}$　❷ $\frac{7}{9}$　❸ $\frac{10}{9}$　❹ 1

（　　）（　　）（　　）（　　）

3 よく出る 下の数直線を見て答えましょう。　1つ6〔30点〕

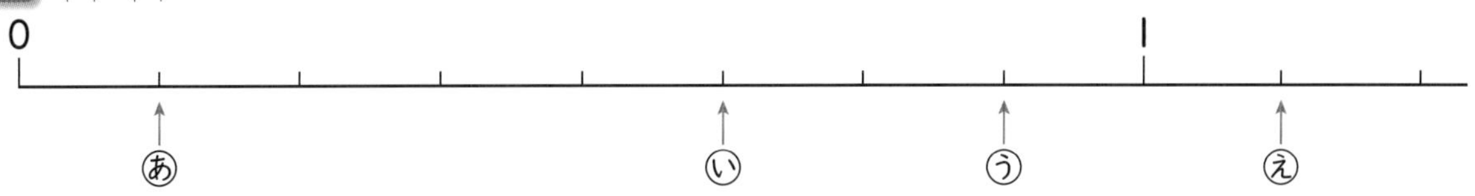

❶ あからえのめもりの表す数を書きましょう。

あ（　　）い（　　）う（　　）え（　　）

❷ $\frac{3}{8}$を表すめもりに↑をかきましょう。

4 数の大小をくらべて、□に不等号を書きましょう。　1つ6〔18点〕

❶ $\frac{6}{10}$ □ $\frac{5}{10}$　❷ 0 □ $\frac{1}{10}$　❸ $\frac{11}{10}$ □ 1

5 だいちさんのテープの長さは$\frac{4}{7}$m、かおりさんのテープの長さは$\frac{2}{7}$mです。　1つ5〔20点〕

❶ 2人のテープをあわせた長さは、何mでしょうか。

式

答え（　　　）

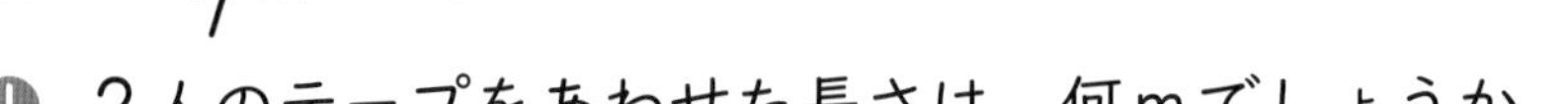

❷ 2人のテープの長さのちがいは、何mでしょうか。

式

答え（　　　）

ふろくの「計算練習ノート」20～21ページをやろう！

□ 分数を使った数の表し方がわかったかな？
□ 分数のたし算・ひき算ができたかな？

勉強した日　月　日

もくひょう・
三角形の名前がわかり、三角形をかけるようになろう。

おわったら シールを はろう

三角形 ［その1］

きほんのワーク

教科書 ㊦ 50～57ページ　答え 15ページ

きほん1 「二等辺三角形や正三角形」がわかりますか。

☆ 右のあからおの三角形の中から、二等辺三角形と正三角形を見つけましょう。

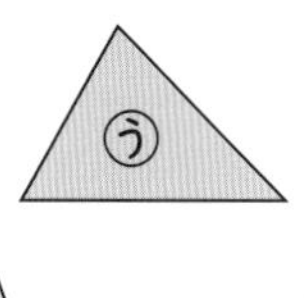
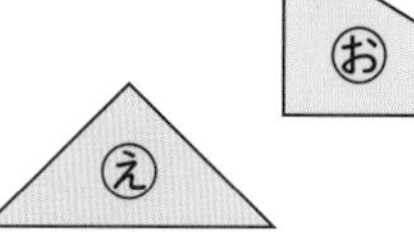

とき方　あからおの三角形の辺の長さをコンパスを使って調べます。

2つの辺の長さが等しい…□、□

3つの辺の長さが等しい…□

辺の長さがみんなちがう…□、□

答え　二等辺三角形 □ と □　正三角形 □

たいせつ
2つの辺の長さが等しい三角形を**二等辺三角形**といい、
3つの辺の長さが等しい三角形を**正三角形**といいます。

1 下のあからきの中から、二等辺三角形と正三角形を見つけましょう。　教科書 51ページ1

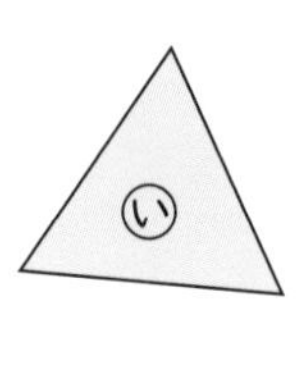
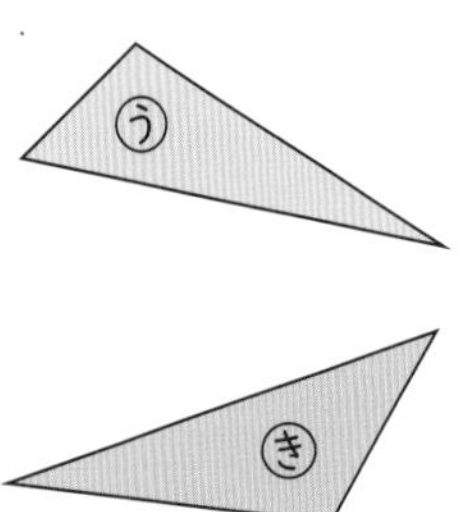
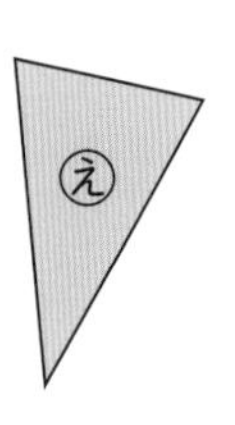
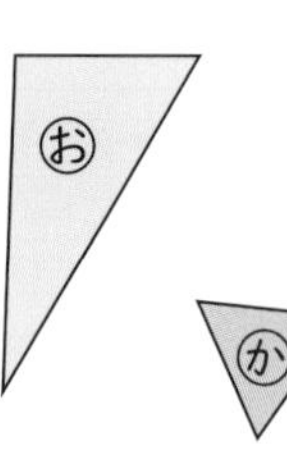

辺の長さを調べるときには、コンパスを使うとべんりだよ。

二等辺三角形（　　　　）

正三角形（　　　　）

2 次の三角形は何という三角形でしょうか。　教科書 51ページ1

❶ 6cmのストロー2本と3cmのストロー1本でできる三角形

（　　　　）

❷ 6cmのストロー3本でできる三角形　（　　　　）

【三角形の中心はどこ？】あつさの同じ三角形の紙板があって、この紙板でくるくる回るコマを作ろうとすると、どこを「じく」にすればよいでしょうか。

（答えは 82 ページ）

きほん2 「二等辺三角形や正三角形のかき方」がわかりますか。

☆3つの辺の長さが2cm、4cm、4cmの二等辺三角形をかきましょう。

とき方 定規とコンパスを使って、次のじゅんじょでかきます。

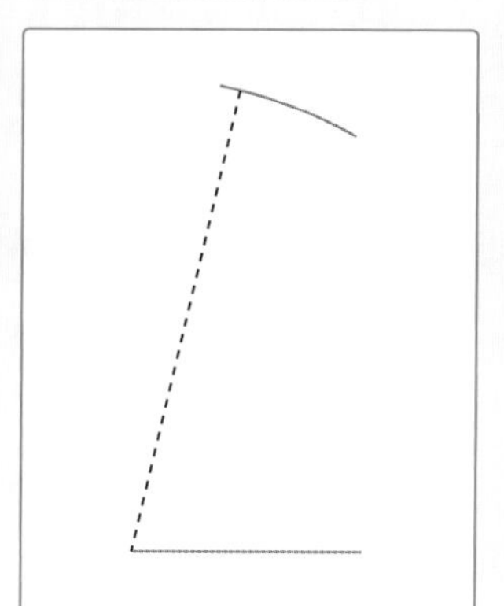

1 2cmの辺をかく。

2 コンパスを使って、4cmの長さをはかりとり2cmの辺の両はしの点から4cmのところにしるしをつける。

3 しるしが交わったところに点をうつと、それが二等辺三角形の頂点になる。

3 次の三角形をかきましょう。

教科書 55ページ3 56ページ4

❶ 辺の長さが4cm、3cm、3cmの二等辺三角形

❷ 3つの辺の長さが2cmの正三角形

❸ 3つの辺の長さが4cmの正三角形

4 右の図の円の半径を使って、円の中に二等辺三角形を1つかきましょう。 教科書 57ページ5

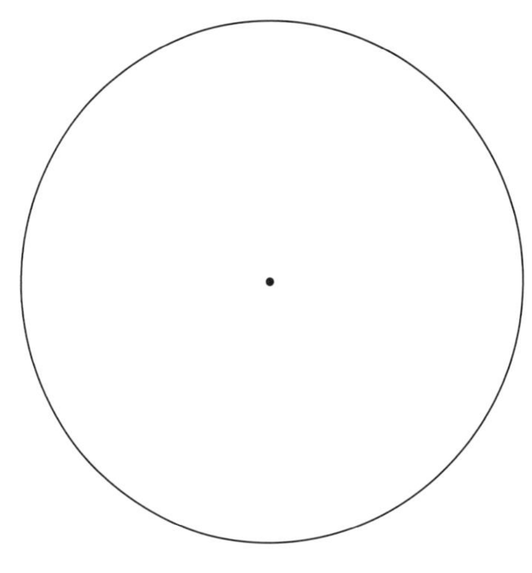

円の半径はすべて等しいから、半径を三角形の2つの辺にすればいいね。

ポイント 二等辺三角形や正三角形であるかを調べるときは、三角形の大きさや向き、おかれている位置に関係なく、辺の長さだけに目をつけます。

勉強した日 月 日

三角形 [その2]

きほんのワーク

もくひょう
角の大きさをくらべることができるようになろう。

おわったらシールをはろう

教科書 ㊦58～61ページ　答え 15ページ

きほん1 「角の大きさ」をくらべることができますか。

☆ 下の三角定規の㋐の角と㋑の角では、どちらの角が大きいでしょうか。

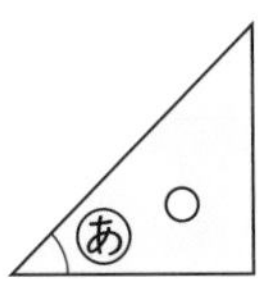
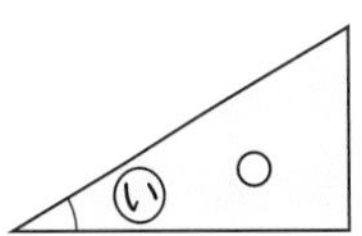

とき方 2まいの三角定規を重ねて、角の大きさをくらべます。

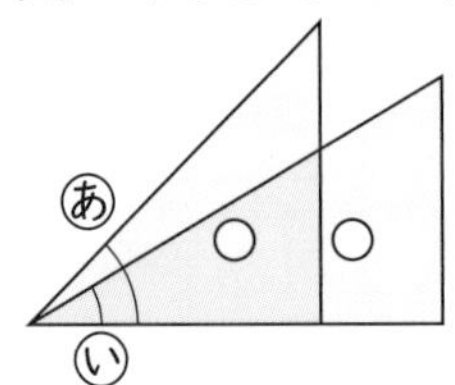
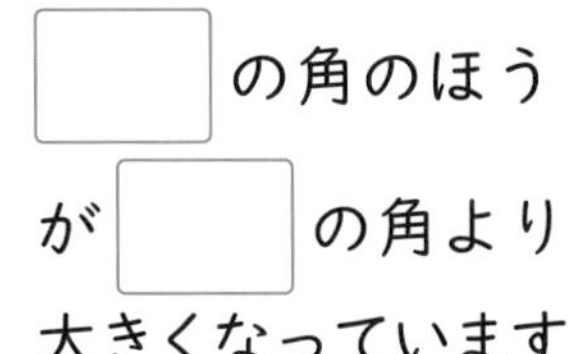

□の角のほうが□の角より大きくなっています。

たいせつ
1つの頂点から出ている2つの辺が作る形を、**角**といいます。三角形には、角が3つあります。また、角の大きさは、辺の開きぐあいで決まります。

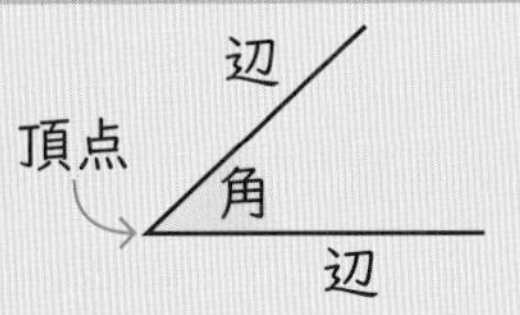

答え □の角

1 右の図のように、三角定規を重ねました。 教科書 58ページ6

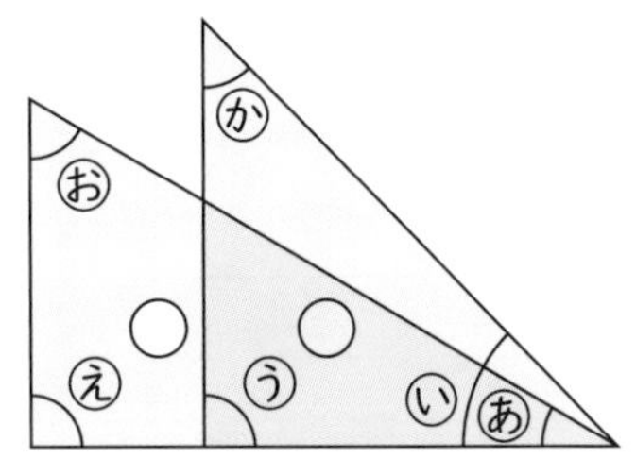

❶ いちばん小さい角は、㋐から㋕の角のうちどれでしょうか。 (　　)

❷ 直角になっている角は、㋐から㋕の角のうちどれでしょうか。 (　　)

❸ ㋑の角と同じ大きさの角は、㋐から㋕の角のうちどれでしょうか。 (　　)

❹ 次の角では、どちらが大きいですか。大きいほうを○でかこみましょう。

(㋔　㋕)　(㋒　㋕)　(㋒　㋔)

三角定規の重ね方をいろいろくふうして調べればいいね。

2 下の角の大きさをくらべて、大きいじゅんに記号を書きましょう。 教科書 58ページ6

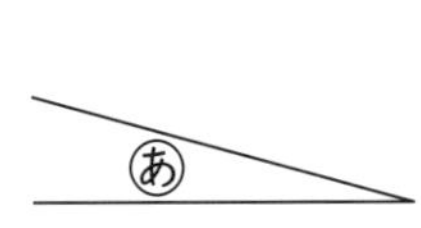

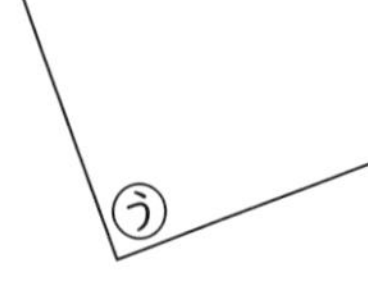
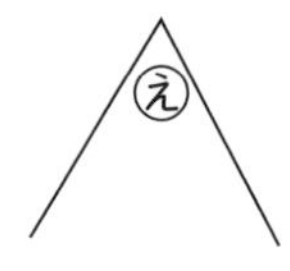
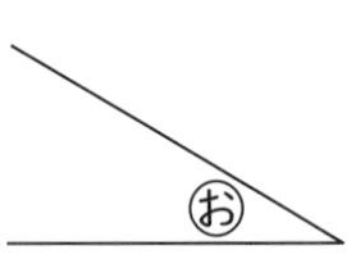

(　　　　　　)

さんすうはかせ 三角形の頂点から向かい合う辺のまん中の点をむすんだ線が1つに交わった点を「重心」といって、これが三角形の中心で、コマの「じく」になります。

きほん2 「二等辺三角形や正三角形の角」の大きさがわかりますか。

☆ 右の㋐と㋑の三角形の角の大きさについて答えましょう。

❶ ㋑の角と等しい大きさの角はどれでしょうか。

❷ ㋓の角と等しい大きさの角はどれでしょうか。

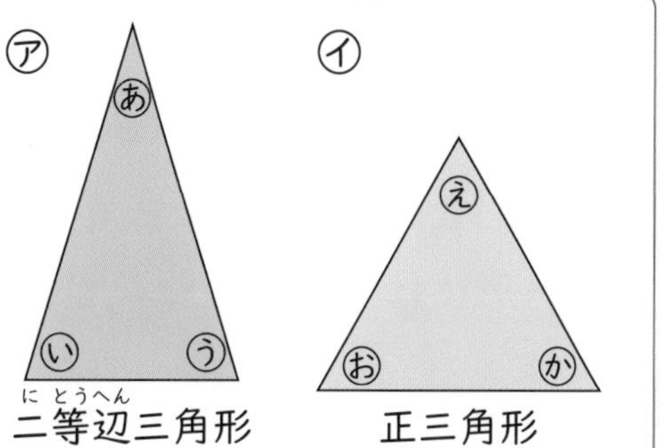

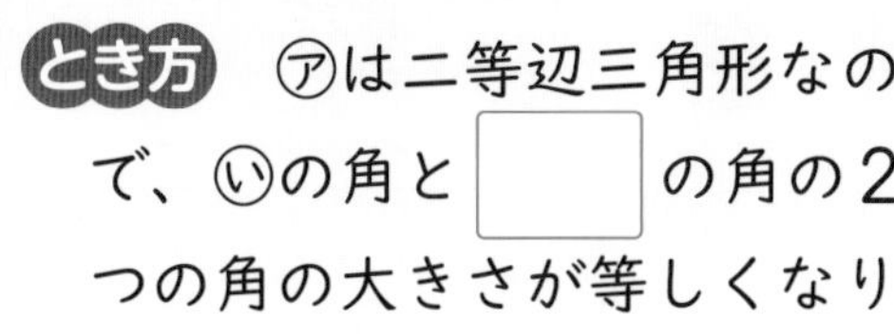

とき方 ㋐は二等辺三角形なので、㋑の角と ☐ の角の2つの角の大きさが等しくなります。㋑は正三角形なので、㋓の角と ☐ の角と ☐ の角の3つの角の大きさが等しくなります。

たいせつ
二等辺三角形の2つの角の大きさは、等しくなっています。
正三角形の3つの角の大きさは、すべて等しくなっています。

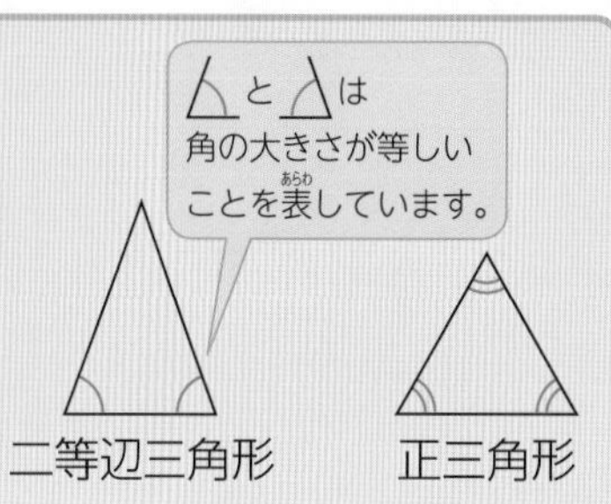

答え ❶ ☐ の角 ❷ ☐ の角と ☐ の角

3 下のように、同じ大きさの三角定規を2まいならべると、何という三角形ができるでしょうか。

教科書 60ページ7

❶

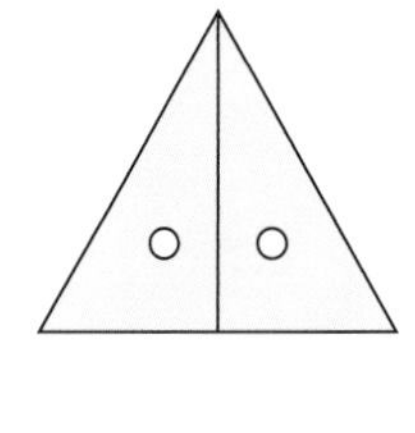

（　　　　）

❷

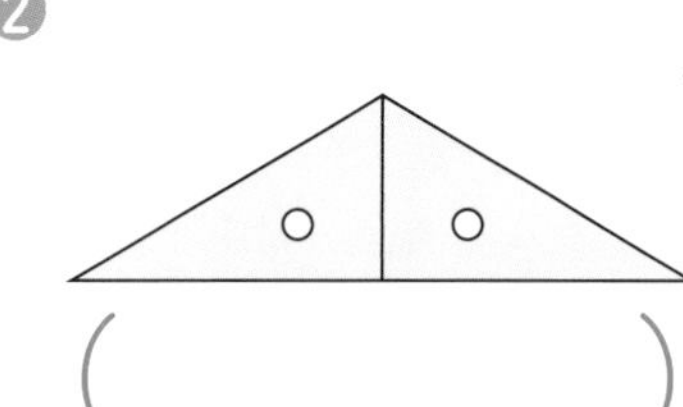

（　　　　）

❸

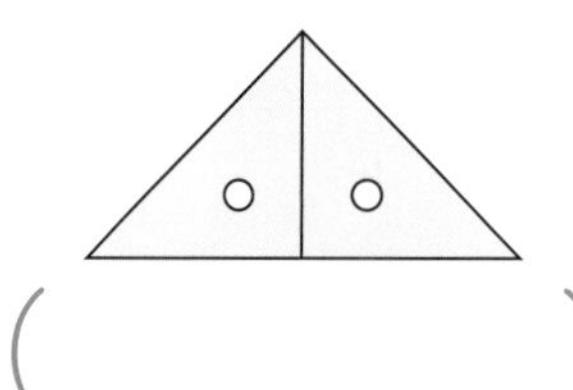

（　　　　）

きほん3 二等辺三角形や正三角形を使って、いろいろな形が作れますか。

☆ ㋐の正三角形を3まいすきまなくならべて、㋑の形を作るには、どのようにならべればよいでしょうか。

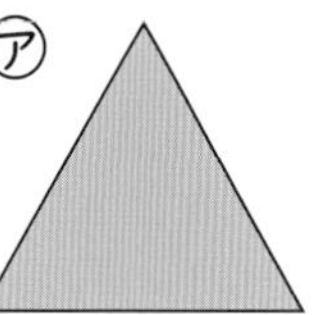

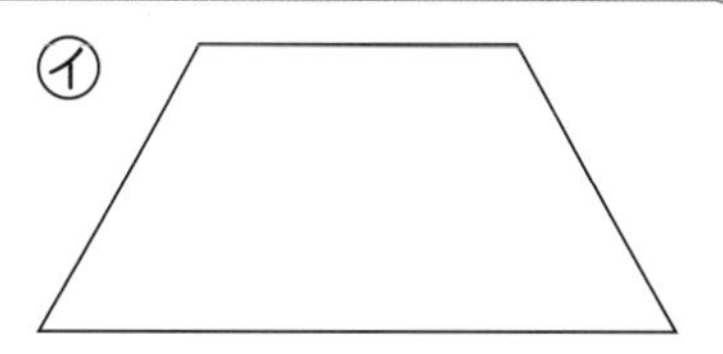

とき方 ㋐の正三角形をすきまなくならべてみます。

答え 上の図に記入

4 下の❶、❷の図は、それぞれ何という名前の三角形をならべたものでしょうか。

教科書 61ページ

❶

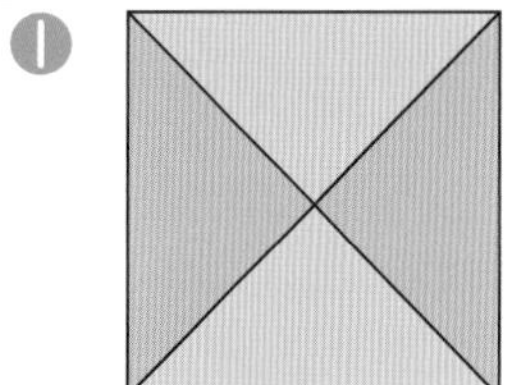

（　　　　）

❷

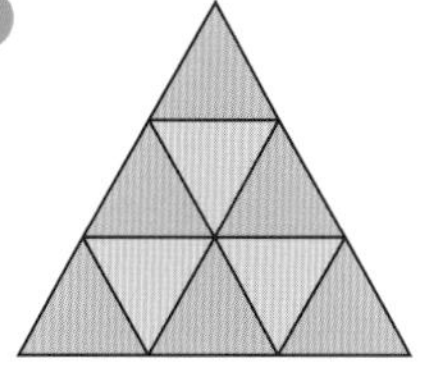

（　　　　）

ポイント 角の大きさは、辺の長さに関係なく、辺の開きぐあいだけで決まります。三角定規にはいろいろな大きさのものがありますが、角の大きさは三角定規の大きさに関係なく同じです。

勉強した日　　月　　日

練習のワーク

教科書 下 50〜63、128ページ　答え 15ページ

できた数　／9問中

おわったらシールをはろう

1 いろいろな三角形　下の三角形で、二等辺三角形には○を、正三角形には△を、どちらでもないものには×をつけましょう。

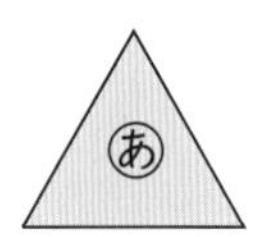

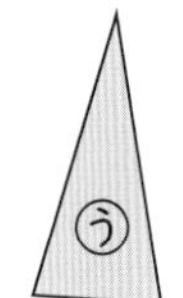
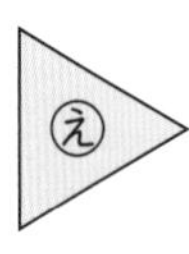

（　　）（　　）（　　）（　　）（　　）（　　）

たいせつ
二等辺三角形
…2つの辺の長さが等しい三角形
正三角形
…3つの辺の長さが等しい三角形

2 正三角形のかき方　右の図は、半径が2cmの円です。この円を使って、3つの辺の長さが2cmの正三角形を1つかきましょう。

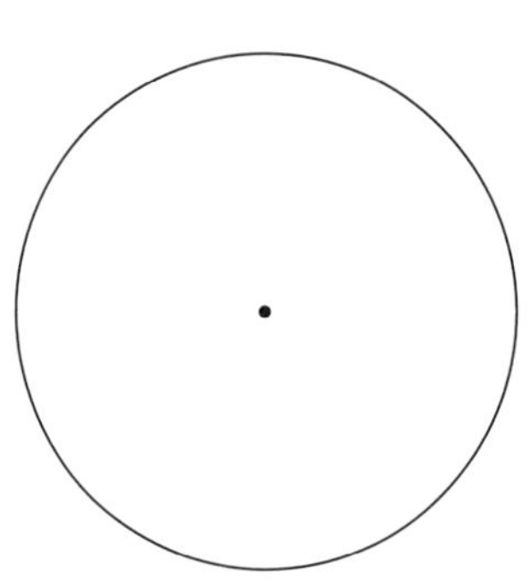

考え方
〔れい〕 円のまわりにアの点をかき、コンパスを使って、アイが半径と同じ長さになるイの点を見つけます。

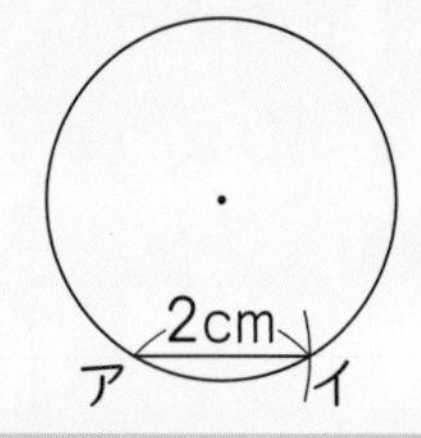

3 角の大きさ　角の大きいじゅんに記号を書きましょう。

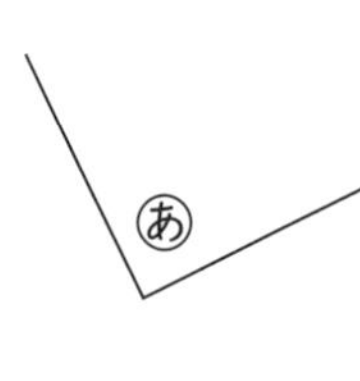
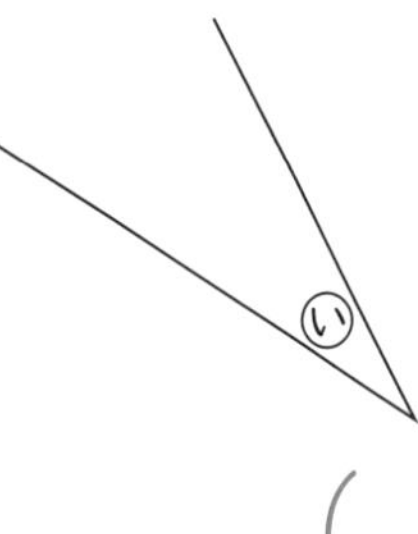
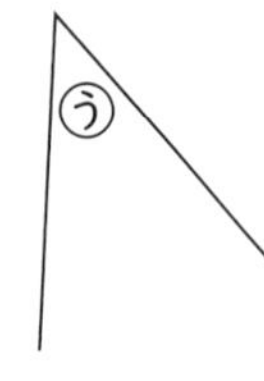
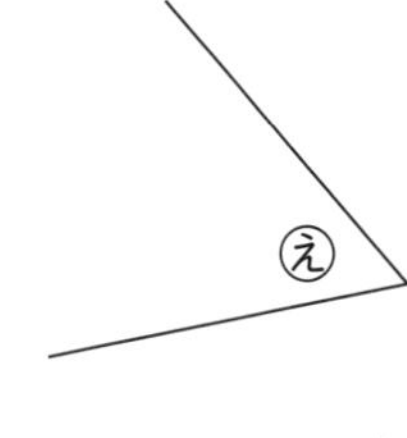

（　　　　　　　　）

三角定規を使って角の大きさをくらべてみよう。

4 二等辺三角形　ひもを使って、まわりの長さが20cmの三角形を作ります。右のように、1つの辺の長さを8cmにして二等辺三角形を作ると、のこりの2つの辺の長さはそれぞれ何cmになるでしょうか。

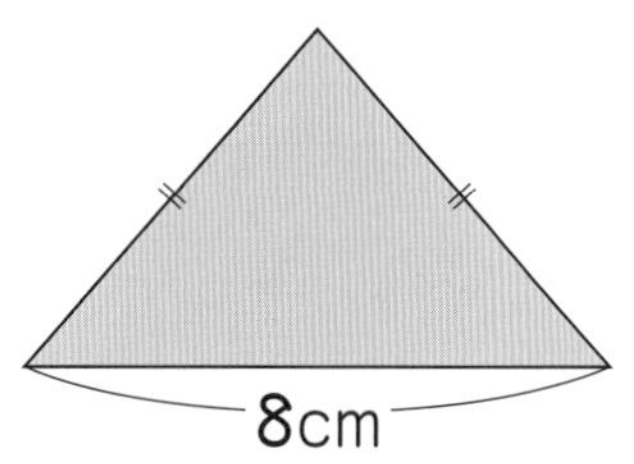

（　　　　　　）

できるナビ 二等辺三角形や正三角形のとくちょうが言えるようにきちんとおぼえておこう。

1 よく出る 次(つぎ)のような三角形をノートにかきましょう。　1つ8〔16点〕

❶ 3つの辺の長さが、10cm、7cm、7cmの三角形

❷ 3つの辺の長さが、8cm、8cm、8cmの三角形

2 長方形の紙をぴったり重(かさ)なるように2つにおってから、直線アイで切り取(と)り、三角形を作ります。㋐から㋒のように切って、開(ひら)いたときにできる三角形の名前を書きましょう。　1つ10〔30点〕

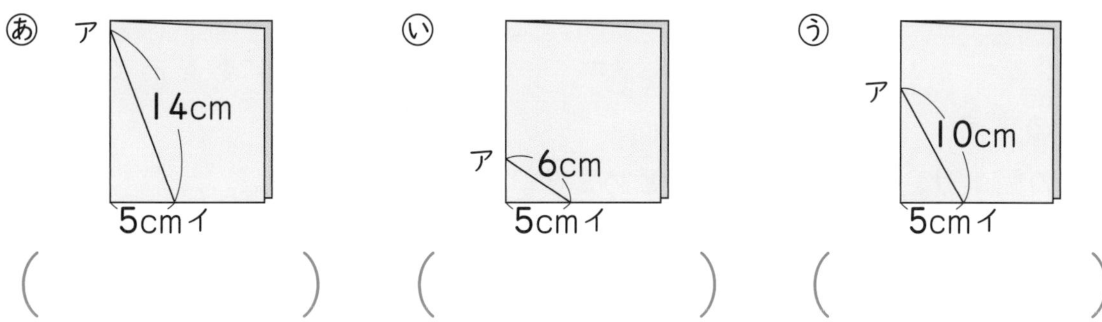

㋐(　　　　)　㋑(　　　　)　㋒(　　　　)

3 2つの三角定規の角について、□にあてはまる記号を書きましょう。　1つ10〔30点〕

❶ ㋐の角と㋑の角では、□の角のほうが大きいです。

❷ ㋖の角と□の角の大きさは等しいです。

❸ ㋒の角と□の角の大きさは等しいです。

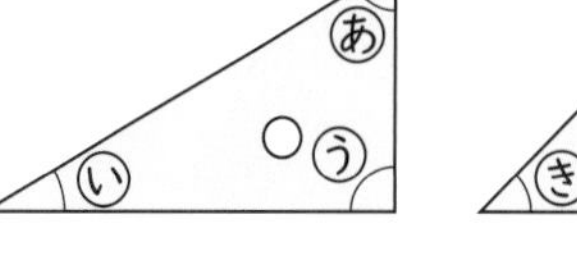

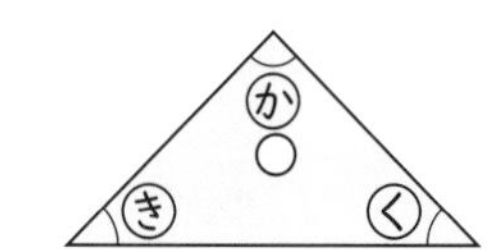

チャレンジ! **4** 右の図のように、半径2cmの円を3つかきました。　1つ8〔24点〕

❶ 右の図の三角形の辺の㋐と㋑の長さは何cmでしょうか。

㋐(　　　　)

㋑(　　　　)

❷ それぞれの円の中心ア、イ、ウをつないでできる三角形は何という三角形でしょうか。

(　　　　)

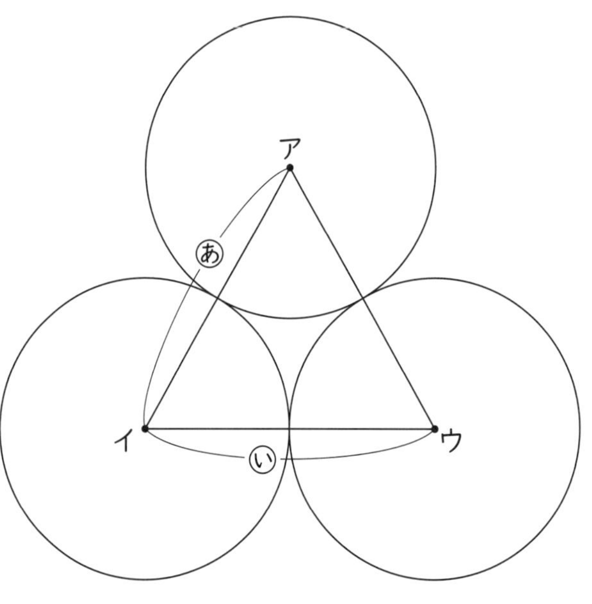

□二等辺三角形や正三角形をかくことができたかな？

□三角定規の角の大きさをくらべることができたかな？

勉強した日　月　日

もくひょう：わからない数を□として式に表し、答えをもとめる学習をしよう。

おわったらシールをはろう

□を使った式と図

きほんのワーク

教科書 ㊦64～70ページ　答え 16ページ

きほん1 「たし算とひき算の関係」がわかりますか。

☆なつこさんは、おはじきを46こ持(も)っています。友だちから何こかもらったので、全部(ぜんぶ)で67こになりました。もらったおはじきは何こでしょうか。

とき方　もらったおはじきの数を□こととして、言葉(ことば)の式(しき)や図に表(あらわ)して考えます。

《1》持っていた数 ＋ もらった数 ＝ 全部の数

式は、［　］ ＋ □ ＝ ［　］ として□に数をあてはめてもとめます。

《2》右の図より、□はひき算でもとめます。

67－46＝［　］

全部の数67こ
持っていた数 46こ　もらった数 □こ

答え［　］こ

1 ひろしさんは、竹ひごを何本か持っています。18本もらったら、全部で42本になりました。はじめに持っていた竹ひごの数を□本として、式に表して、はじめに持っていた竹ひごの本数をもとめましょう。　教科書 65ページ1

式（　　　　　　）　答え（　　　　）

2 ひろしさんは、竹ひごを何本か持っています。24本使(つか)ったら、のこりは18本になりました。はじめに持っていた竹ひごの数を□本として、式に表して、はじめに持っていた竹ひごの本数をもとめましょう。　教科書 67ページ2

式（　　　　　　）

答え（　　　　）

3 □にあてはまる数をもとめましょう。　教科書 67ページ2

❶ □＋25＝60　❷ 32＋□＝57　❸ □－18＝7

さんすうはかせ　□を使った式で、□にあてはまる数をもとめることを「逆算(ぎゃくさん)」というよ。意味(いみ)を考えながら、□のもとめ方を考えていけば、まちがえないよ。

きほん2 「かけ算とわり算の関係」がわかりますか。

☆9人の子どもに同じ数ずつあめを配(くば)ったら、全部で72こいりました。1人分のあめは何こでしょうか。

とき方 1人分の数を□ことして、言葉の式や図に表して考えます。

《1》 1人分の数 × 人数 ＝ 全部の数

式は、 □ × [　] ＝ [　]

となり、□に数をあてはめてもとめます。

《2》下の図より、□はわり算でもとめます。

あめの数 0 □ 72(こ)

人数 0 1 9(人)

72÷9＝[　]　　**答え** [　] こ

かけ算とわり算の関係

8 → 9をかける → 72

72 → 9でわる → 8

4 あめを2こ買ったら、代金(だいきん)は40円でした。あめ1このねだんを□円として式に表して、あめ1このねだんをもとめましょう。

教科書 68ページ3

式（　　　　）　答え（　　　　）

5 クッキーを3人で同じ数ずつ分けたら、1人分は5こになりました。はじめのクッキーの数を□ことして式に表して、はじめのクッキーの数をもとめましょう。

教科書 70ページ4

式（　　　　）　答え（　　　　）

6 何まいかのおり紙を4まいずつ配ったら、ちょうど8人に配れました。おり紙のまい数を□まいとして式に表して、おり紙のまい数をもとめましょう。

教科書 70ページ4

式（　　　　）　答え（　　　　）

7 □にあてはまる数をもとめましょう。

教科書 70ページ4

❶ □×7＝42　　❷ 6×□＝54

❸ □÷5＝9　　❹ □÷9＝3

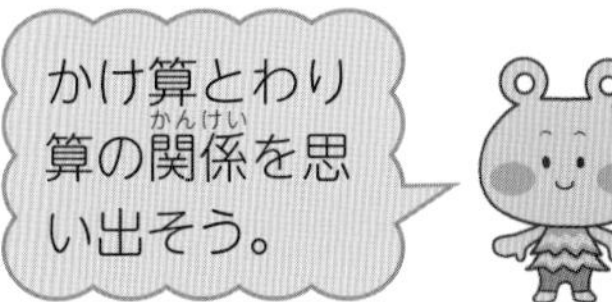

かけ算とわり算の関係(かんけい)を思い出そう。

ポイント わからない数があるときは、その数を□として式に表すことができます。ことばの式や、直線を使った図をかくと考えやすくなります。

勉強した日 月 日

練習のワーク

教科書 ㊦64～72ページ　答え 17ページ

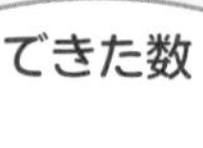

できた数 /17問中

おわったら シールを はろう

1 □を使った式　わからない数を□として式に表して、□にあてはまる数をもとめましょう。

❶ けんさんは、きのうまでに、箱を58こ作りました。今日も何こか作ったので、箱は全部で73こになりました。

式（　　　　）　答え（　　　　）

❷ お金を何円か持って買い物に行きました。300円の本を買ったら、のこりのお金は500円になりました。

式（　　　　）

答え（　　　　）

❸ 3つの箱の中に何本か同じ数ずつえんぴつが入っています。3つのすべての箱からえんぴつを出して本数を数えると、全部で27本でした。

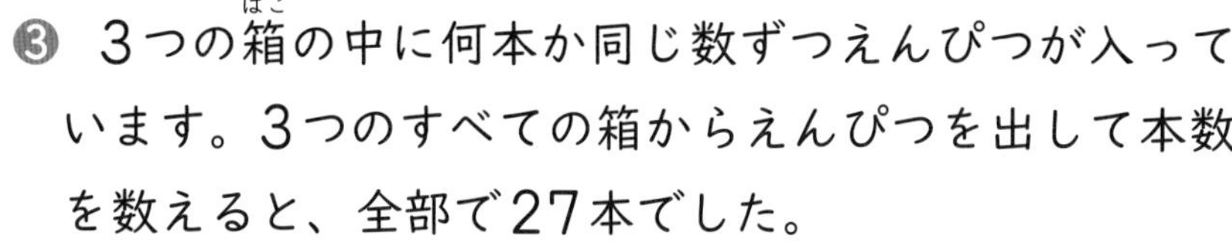

式（　　　　）

答え（　　　　）

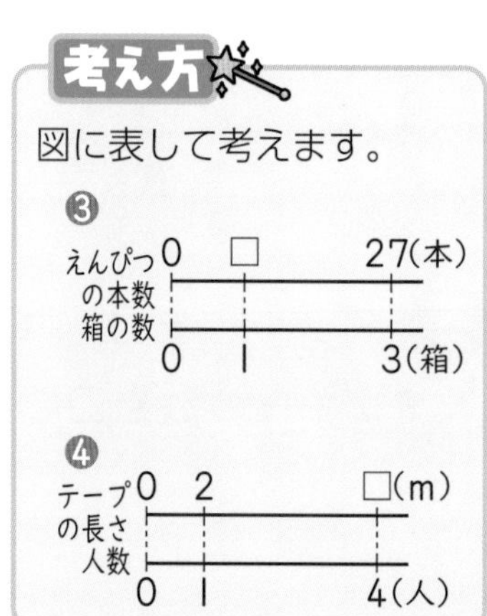

考え方
図に表して考えます。
❸
えんぴつの本数 0 □ 27(本)
箱の数 0 1 3(箱)
❹
テープの長さ 0 2 □(m)
人数 0 1 4(人)

❹ テープが何mかあります。4人で同じ長さに分けたら1人分は2mでした。

式（　　　　）

答え（　　　　）

2 □の計算　□にあてはまる数をもとめましょう。

❶ 25＋□＝81　❷ □＋39＝78　❸ □－32＝59

❹ □－600＝200　❺ □×7＝35　❻ 8×□＝32

❼ □×9＝63　❽ □÷3＝5　❾ □÷7＝7

できるナビ　□を使った式に表して、□にあてはまる数をもとめるようにしよう。

1 □にあてはまる数をもとめましょう　1つ5〔20点〕

❶ □＋8＝15　❷ □－8＝7

❸ □×5＝30　❹ □÷5＝6

2 わからない数を□として式に表して、□にあてはまる数をもとめましょう。　1つ10〔80点〕

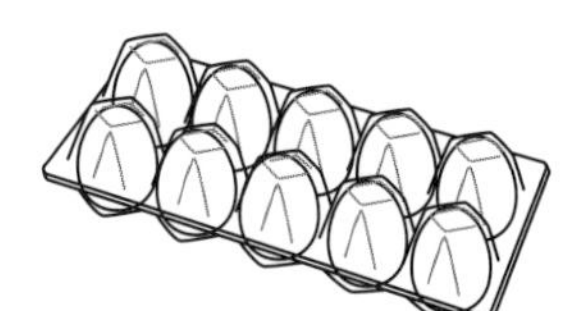

❶ れいぞう庫に、たまごが何こか入っています。今日、お母さんが10こ買ってきたので、全部で23こになりました。

式（　　　　）

答え（　　　　）

❷ 画用紙が何まいかありました。図工の時間に86まい使ったので、のこりが214まいになりました。

式（　　　　）　答え（　　　　）

❸ えん筆を4本ずつ何人かに同じ数ずつ配ったら、全部で36本ひつようでした。

式（　　　　）　答え（　　　　）

❹ 何こかのどんぐりを、6人で同じ数ずつ分けたら1人分は8こでした。

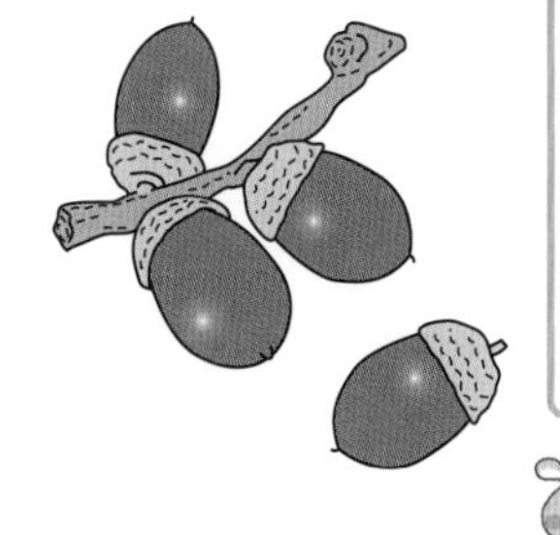

式（　　　　）

答え（　　　　）

ふろくの「計算練習ノート」23ページをやろう！

□たし算とひき算、かけ算とわり算の関係がわかったかな？
□わからない数を□として式に表し、答えをもとめることができたかな？

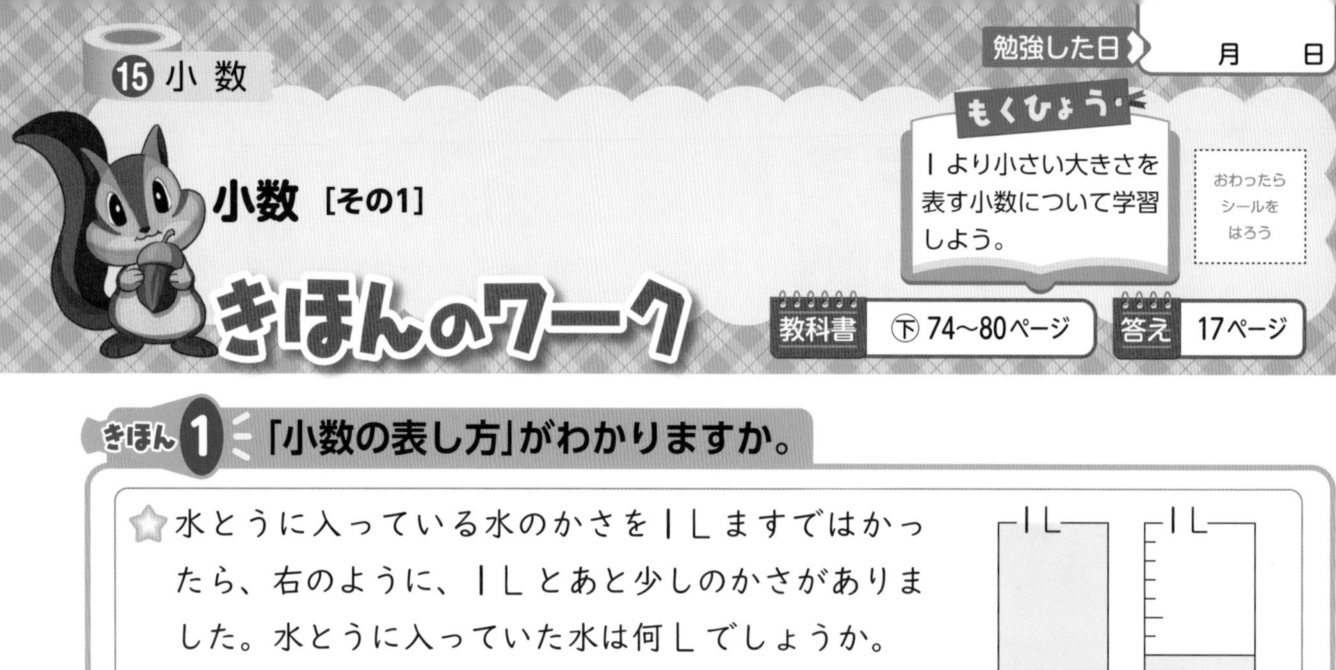

15 小数
勉強した日 月 日
小数 [その1]
もくひょう
1より小さい大きさを表す小数について学習しよう。
おわったらシールをはろう
きほんのワーク
教科書 下 74～80ページ
答え 17ページ

きほん1 「小数の表し方」がわかりますか。

☆水とうに入っている水のかさを1Lますではかったら、右のように、1Lとあと少しのかさがありました。水とうに入っていた水は何Lでしょうか。

とき方 1Lより少ないかさは、1Lを10等分した1こ分のかさの0.1Lの何こ分かで表します。ここでは0.1Lの［　　］こ分だから、

［　　］Lです。水とうに
↑れい点三とよみます。

入っていた水のかさは、1Lと0.3Lをあわせた［　　］Lになります。
一点三とよみます。↑

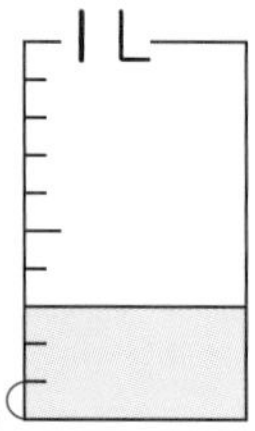

0.1L（1dLと同じです。）

たいせつ
1Lを10等分した1こ分のかさの$\frac{1}{10}$Lを0.1Lと書き、れい点一リットルとよみます。
1.3や0.4のような数を**小数**といい、「.」を**小数点**といいます。
0、1、2、19、303のような数を**整数**といいます。

答え ［　　］L

1 下の水のかさは、それぞれ何Lでしょうか。　教科書 75ページ1

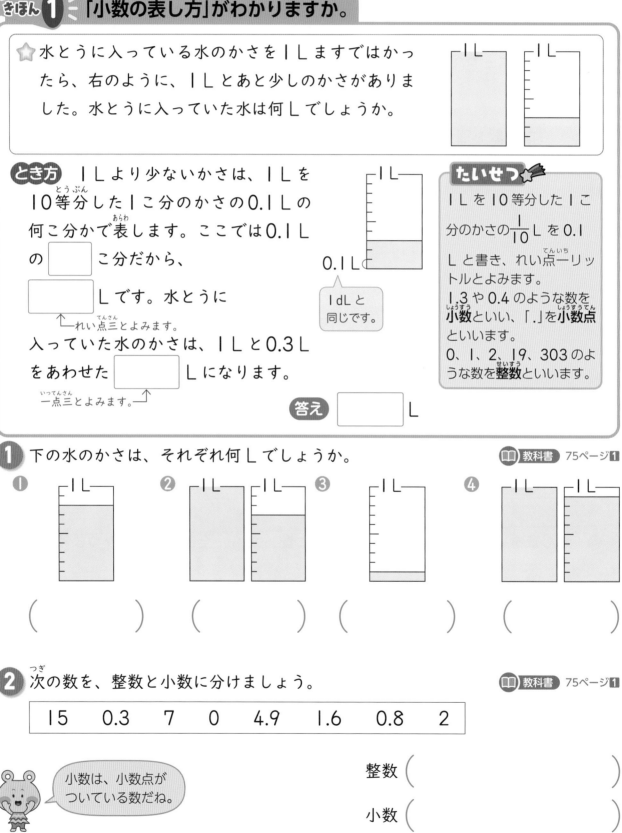

❶（　　）　❷（ 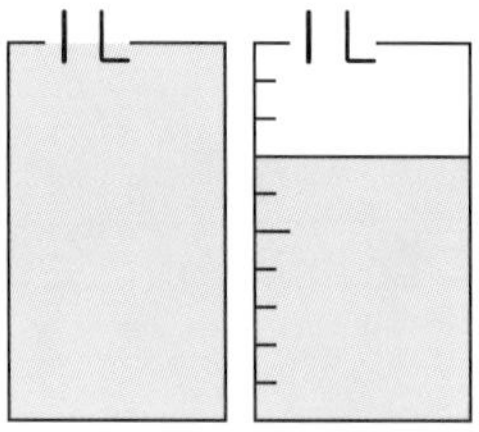　　）　❸（ 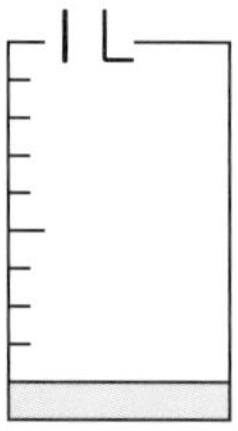　　）　❹（　　）

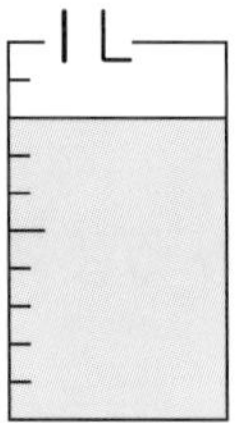

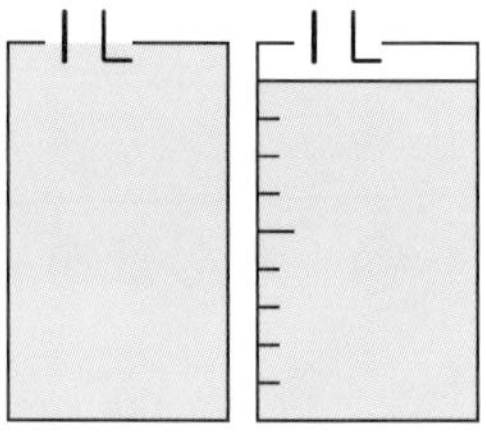

2 次の数を、整数と小数に分けましょう。　教科書 75ページ1

15	0.3	7	0	4.9	1.6	0.8	2

整数（　　　）

小数（　　　）

小数は、小数点がついている数だね。

小数は、1を10等分した0.1をもとにして、それの何こ分かで考えるよ。
さらに、0.1を10等分した0.01、0.01を10等分した0.001は4年生で習うよ。

きほん2 2つの単位で表された長さを１つの単位で表せますか。

☆3cm9mmは何cmでしょうか。小数で表しましょう。

たいせつ
1mm＝$\frac{1}{10}$cm
＝0.1cm

とき方 1mmは1cmの$\frac{1}{10}$の長さだから、□cmです。9mmは0.1cmの9こ分の長さだから、□cmで、3cmと0.9cmをあわせて□cmになります。 **答え** □cm

3 下のものさしの左はしから、㋐、㋑、㋒、㋓のめもりまでの長さは、それぞれ何cmでしょうか。 教科書 78ページ2

㋐（　　）㋑（　　）㋒（　　）㋓（　　）

きほん3 「小数の大きさ」がわかりますか。

☆右の数直線で、あからえのめもりが表す数を書きましょう。

0　1　2　3　4
あ　い　う　え

とき方 上の数直線の1めもりは0.1だから、0.1の何こ分かを考えます。
あは、0.1の6こ分で□です。

たいせつ
小数で、小数点のすぐ右の位を$\frac{1}{10}$の位、または小数第一位といいます。
2…一の位　.…小数点　5…$\frac{1}{10}$の位

答え あ□　い□　う□　え□

4 □にあてはまる数を書きましょう。 教科書 79ページ3

❶ 3.2は、1を□こと、0.1を□こあわせた数です。

❷ 3.9は、0.1を□こあつめた数です。

❸ 0.1を283こあつめた数は□です。

0.1が10こ分で1だね。

5 数の大小をくらべて、□に不等号を書きましょう。 教科書 80ページ4

❶ 0.5□1.3　❷ 0□0.3　❸ 5.4□4.5

ポイント 小数も整数と同じで、0.1が10こあつまると、1つ上の位（一の位）になるしくみになっています。0.1が100こあつまると2つ上の位（十の位）になります。

勉強した日　月　日

もくひょう

小数のたし算とひき算の考え方を知り、筆算ができるようにしよう。

おわったらシールをはろう

小数 [その2]

きほんのワーク

教科書 下 81～87ページ　答え 18ページ

きほん1 「小数と分数の大小」がわかりますか。

☆ 0.2 と $\frac{4}{10}$ はどちらが大きいでしょうか。

とき方 $\frac{1}{10}$ は 1 を 10 等分(とうぶん)した 1 こ分の大きさで、小数で表(あらわ)すと □ です。

分数と小数で表された数の大小をくらべるときは、分数か小数のどちらかにそろえてくらべます。

0	0.1	0.2	0.3	0.4	0.5	0.6	0.7	0.8	0.9	1	1.1
0	$\frac{1}{10}$	$\frac{2}{10}$	$\frac{3}{10}$	$\frac{4}{10}$	$\frac{5}{10}$	$\frac{6}{10}$	$\frac{7}{10}$	$\frac{8}{10}$	$\frac{9}{10}$	1	$\frac{11}{10}$

答え □

1 数の大小をくらべて、□に等号(とうごう)か不(ふ)等号を書きましょう。 教科書 81ページ5

❶ $\frac{5}{10}$ □ 0.6　❷ $\frac{8}{10}$ □ 0.8　❸ $\frac{11}{10}$ □ 0.1

きほん2 「小数のたし算やひき算の計算のしかた」がわかりますか。

☆ ジュースが、大きいびんに 0.6 L、小さいびんに 0.3 L 入っています。

❶ あわせて何 L あるでしょうか。　❷ ちがいは何 L でしょうか。

とき方 0.1 の何こ分で考えます。

❶右の図を見ると、

0.6 は 0.1 が □ こ

0.3 は 0.1 が □ こ

あわせて 0.1 が □ こ

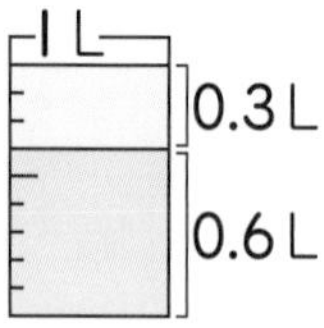

(図: 1L、0.3L、0.6L)

❷右の図を見ると、

0.6 は 0.1 が □ こ

0.3 は 0.1 が □ こ

ちがいは、0.1 が □ こ

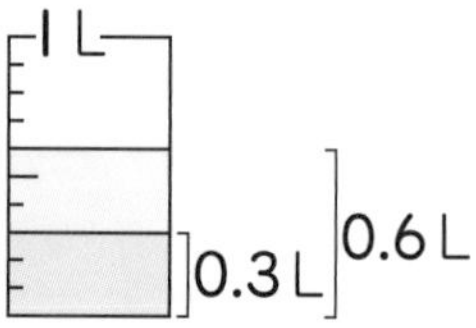

(図: 1L、0.3L、0.6L)

答え ❶ □ L　❷ □ L

2 計算をしましょう。 教科書 82ページ6 86ページ10

❶ 0.5+0.2　❷ 0.4+1.1　❸ 0.7−0.5　❹ 2.9−1.5

さんすうはかせ

分数は、1 をいくつかに等分したものを 1 つの単位(たんい)と考えて、それの何こ分かで考えるよ。だから、1 m を 10 等分した $\frac{1}{10}$ m は、0.1 m と等(ひと)しくなるね。

きほん3 「小数のたし算」を筆算でできますか。

☆計算をしましょう。 ❶ 2.7＋1.5 ❷ 5.4＋2.6

とき方 小数のたし算の筆算も、位をそろえて書き、整数のたし算と同じように、位ごとに計算します。

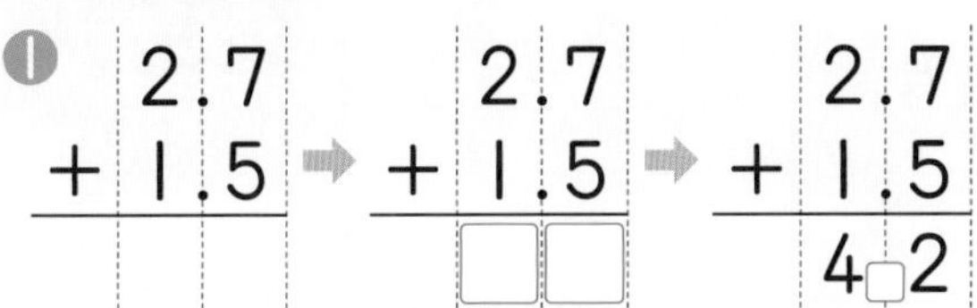

位をそろえて書く。

整数のたし算と同じように計算する。

上の小数点の位置にそろえて、答えの小数点をうつ。

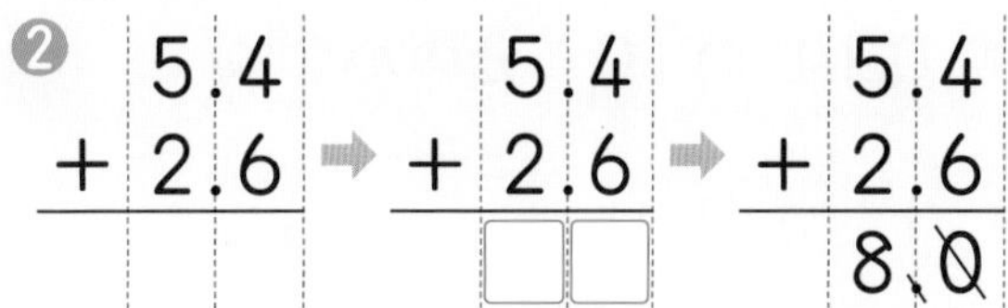

$\frac{1}{10}$の位が0になったときは、小数点と0を消す。

答え ❶ ❷

3 計算をしましょう。

教科書 83ページ7 85ページ8・9

❶ 0.3＋4.5 ❷ 1.5＋3.2 ❸ 1.4＋15.7

❹ 6.8＋7.5 ❺ 2.3＋4.7 ❻ 42＋3.5

きほん4 「小数のひき算」を筆算でできますか。

☆計算をしましょう。 ❶ 4.5－1.7 ❷ 6－2.4

とき方 小数のひき算の筆算も、たし算と同じように、位をそろえて書き、位ごとに計算します。

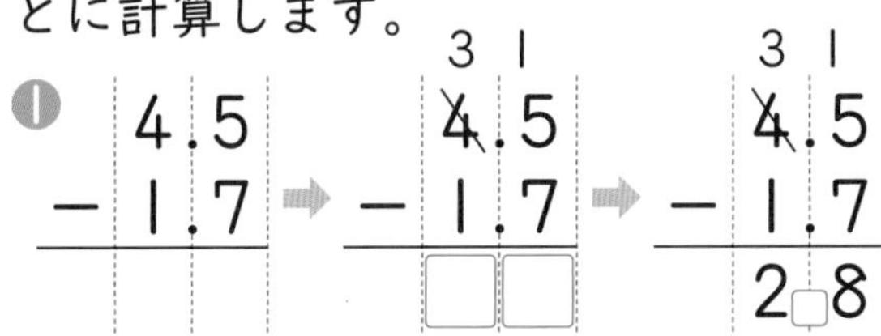

位をそろえて書く。

整数のひき算と同じように計算する。

上の小数点の位置にそろえて、答えの小数点をうつ。

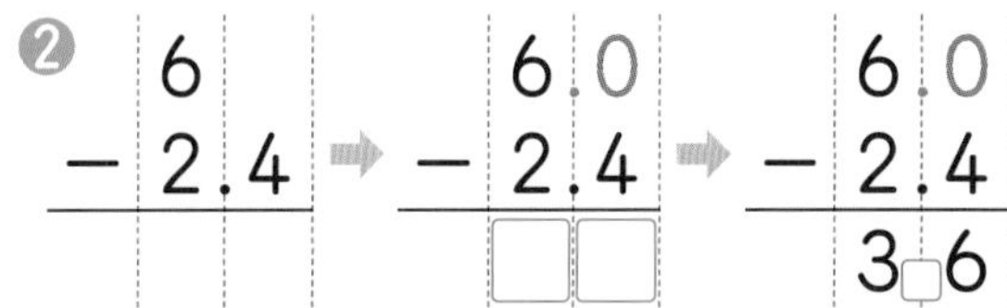

6を6.0と考える。

整数のひき算と同じように計算し、答えの小数点をうつ。

答え ❶ ❷

4 計算をしましょう。

教科書 86ページ11 87ページ12

❶ 4.7－3.2 ❷ 8.3－4.4 ❸ 9.2－5.6

❹ 7.6－5.6 ❺ 12－1.9 ❻ 4－2.8

ポイント 小数の筆算では、小数点の位置をそろえ、それぞれの位をそろえて計算します。くり上がりやくり下がりのしくみは、整数のときと同じです。

勉強した日　月　日

練習のワーク

教科書 ㊦ 74～89ページ　答え 18ページ

できた数　/16問中

おわったらシールをはろう

1 小数のしくみ □にあてはまる数を書きましょう。

❶ 0.1 L の 10 こ分のかさは □ L です。

❷ 1 L 4 dL は、□ L で、0.1 L の □ こ分です。

❸ 27 cm 3 mm は □ cm です。

❹ 1 kg の $\frac{1}{10}$ は □ g なので、700 g は □ kg です。

❺ 2.6 は 0.1 を □ こあつめた数です。

考え方 ❷1 L を 10 等分(とうぶん)した 1 こ分のかさが 0.1 L です。1 dL=0.1 L

2 小数の大きさ 下のあからうのめもりが表(あらわ)す小数を書きましょう。

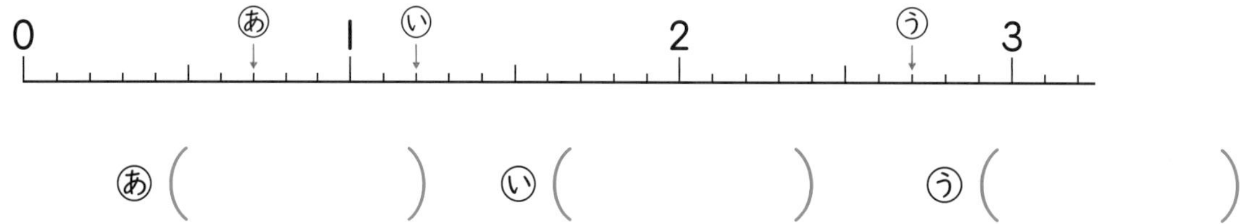

あ(　　　)　い(　　　)　う(　　　)

3 小数の大きさ 数の大小をくらべて、□に不等号(ふとうごう)を書きましょう。

❶ 0 □ 0.6　❷ 0.7 □ $\frac{3}{10}$　❸ 5.5 □ 6.1

4 小数のたし算とひき算 計算をしましょう。

❶ 4.6＋1.8　❷ 6.3＋0.7

❸ 1.5－0.9　❹ 8－0.8

❷は答えの小数第一位(しょうすうだいいちい)が 0 になったから、0 と小数点を消(け)すんだね。

5 小数のたし算 家から公園まで 1.7 km の道のりを歩き、さらにそこから本屋まで 0.4 km 歩くと、歩いた道のりは全部(ぜんぶ)で何 km になるでしょうか。

式

答え(　　　)

できるナビ　いろいろな見方をして、小数を考えられるようになりましょう。

勉強した日　月　日

時間20分

とく点　/100点

おわったらシールをはろう

1 7.8をいろいろな見方で表します。□にあてはまる数を書きましょう。1つ5〔20点〕

❶ 1を□こと、0.1を□こあわせた数

❷ 0.1を□こあつめた数

❸ 7＋□　❹ 8－□

2 次(つぎ)の数を小さいじゅんに書きましょう。〔11点〕

0.7　$\frac{11}{10}$　1.3　$\frac{6}{10}$

（　　　　　）

3 よく出る 計算をしましょう。1つ5〔45点〕

❶ 0.3＋2.6　❷ 4.7＋3.5　❸ 32＋3.8

❹ 0.2＋39.8　❺ 7.6－0.4　❻ 6.2－4.9

❼ 9－2.8　❽ 14.5－5.5　❾ 7.8－7.4

4 7.3cmのテープと4.9cmのテープをあわせると、長さは何cmになるでしょうか。1つ6〔12点〕

式

答え（　　　　　）

5 3.4Lの水が入るやかんと、1.8Lの水が入る水とうでは、どちらがどれだけ多くの水が入るでしょうか。1つ6〔12点〕

式

答え（　　　　　）

ふろくの「計算練習ノート」17〜19ページをやろう！

□小数のしくみがわかったかな？
□小数のたし算・ひき算ができたかな？

勉強した日　　月　　日

2けたの数のかけ算 [その1]

きほんのワーク

もくひょう
2けたの数をかける計算が筆算でできるようになろう。

おわったらシールをはろう

教科書 ㊦92〜97ページ　答え 18ページ

きほん1 「何十をかける計算」ができますか。

☆計算をしましょう。　❶ 6×30　　❷ 14×20

とき方 ❶ 6× 3 =[　　]
　↓10倍　↓10倍
6×30=[　　]

6×30の答えは、6×3の答えを10倍(ばい)した数だから、18の右はしに0を1つつけた数になります。

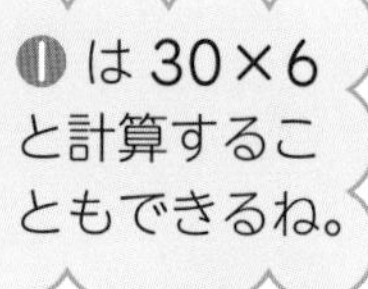
❶は30×6
と計算するこ
ともできるね。

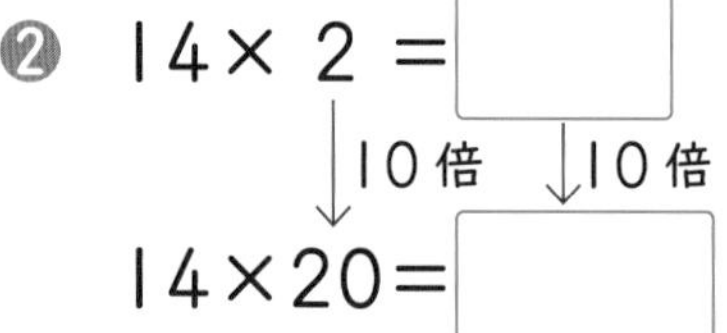
❷ 14× 2 =
↓10倍　↓10倍
14×20=

14×20の計算も同じように、14×2の答えの10倍と考えます。

答え ❶
❷[　　]

1 計算をしましょう。

教科書 93ページ1 95ページ2

❶ 2×40　　❷ 7×50　　❸ 8×90

❹ 42×20　　❺ 26×20　　❻ 60×40

2

ドーナツが3こずつ入った箱(はこ)が40箱あります。ドーナツは全部(ぜんぶ)で何こあるでしょうか。

教科書 93ページ1

式

答え（　　　　　）

3

1こ36円のチョコレートを20こ買いました。代金(だいきん)は何円になるでしょうか。

教科書 95ページ2

式

36×2
の10倍
と考える
んだね。

答え（　　　　　）

筆算(ひっさん)は、13世紀(せいき)のイタリアの商人(しょうにん)フィボナッチがアラビアからの本をもとにした本『計算書』を出したのが始(はじ)まりだよ。18世紀ごろまでは計算のはやさをきそっていたそうだよ。

きほん2 「2けた×2けたの筆算」ができますか。

☆計算をしましょう。 ❶ 13×31 ❷ 45×39

とき方 これまでのかけ算の筆算と同じように、一の位(くらい)からじゅんに計算します。

❶

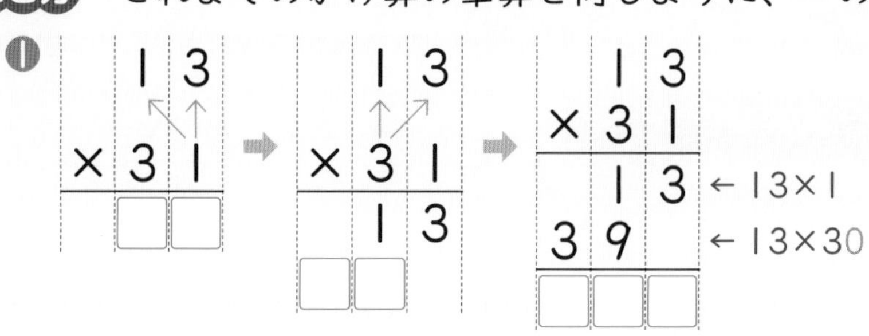

13×1 13×3 たし算をする。

❷

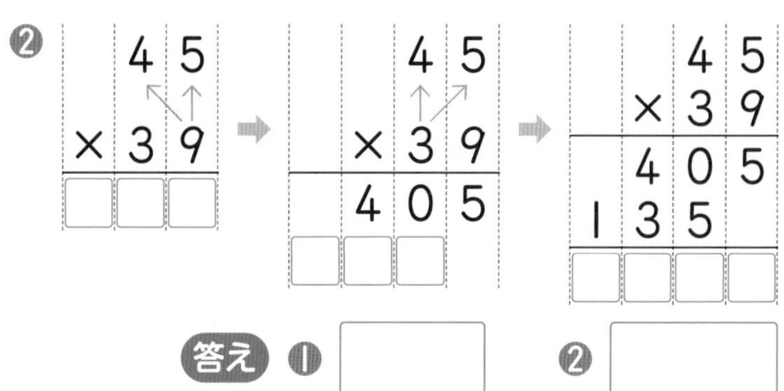

13×31の計算について

<考え方>

31を30と1に分けて、考えます。

13×31 < 13×30＝390 / 13×1 ＝ 13

あわせて 403

<筆算のしかた>

```
   1 3
 × 3 1
 -----
   1 3 …13× 1
 3 9 0 …13×30
 -----
 4 0 3
```

答え ❶ ❷

4 計算をしましょう。 教科書 95ページ3 97ページ4

❶ 23×13 ❷ 24×34 ❸ 15×63 ❹ 54×75

❺ 14×39 ❻ 82×59

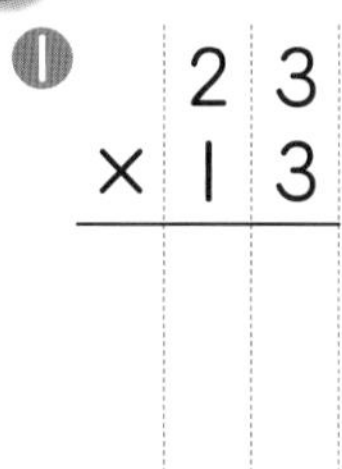

かける数の十の位の計算のけっかは、一の位をあけて書くことに気をつけよう。

5 あめを、1人に28こずつ配(くば)ります。35人に配るには、あめは全部で何こいるでしょうか。 教科書 97ページ4

式

答え（ ）

ポイント かける数が2けたのかけ算の筆算は、これまでのかけ算の筆算と同じように、一の位から計算します。筆算のしくみをよく理かいすることが大切です。

勉強した日　月　日

2けたの数のかけ算 [その2]

きほんのワーク

もくひょう
かけられる数が3けたの筆算のしかたがわかるようになろう。

おわったらシールをはろう

教科書 ㊦98～100ページ　答え 19ページ

きほん1 「計算のくふう」ができますか。

☆50×87を、くふうして計算しましょう。

とき方　かけられる数とかける数を入れかえて計算すると、計算がかんたんになります。　■×●＝●×■

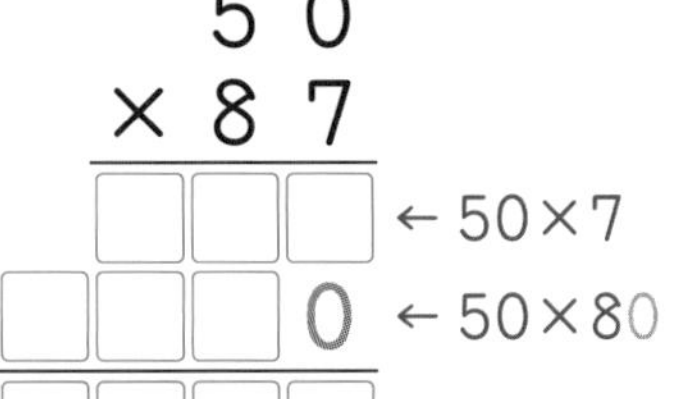

$$\begin{array}{r} 50 \\ \times\ 87 \\ \hline \square\square\square \\ \square\square\square 0 \\ \hline \square\square\square\square \end{array}$$

←50×7
←50×80

⇨

$$\begin{array}{r} 87 \\ \times\ 50 \\ \hline \square\square\square\square \end{array}$$

かける数の一の位(くらい)が0のとき、0をかける計算をはぶくことができるから、かんたんになるね。

答え

1 くふうして計算しましょう。　教科書 98ページ5・6

① 60×45　② 40×26　③ 70×24

きほん2 「3けた×2けたの計算」ができますか。

☆計算をしましょう。　① 213×32　② 463×57

とき方　位をそろえて書いて、筆算(ひっさん)で計算します。

①

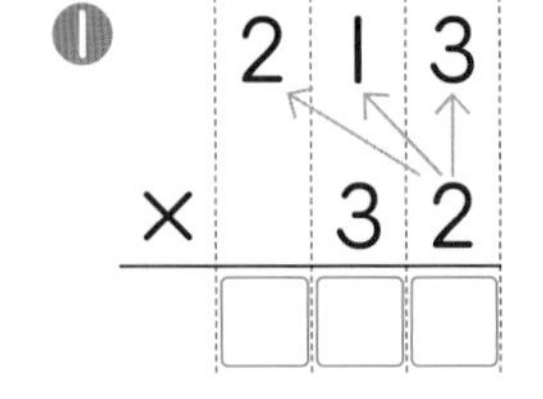

213×2

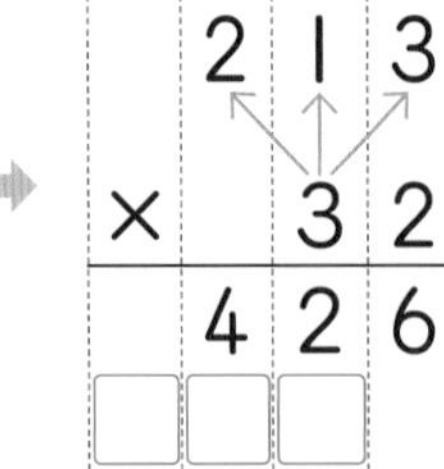

213×3

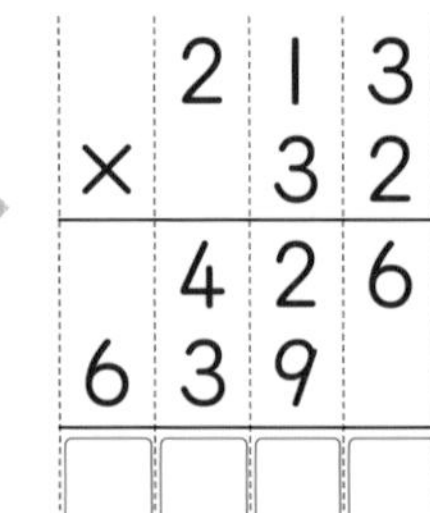

←左に1けたずらして、十の位の計算をかく。

たし算をする。

②

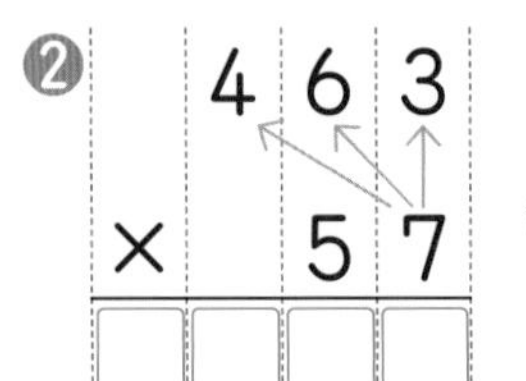

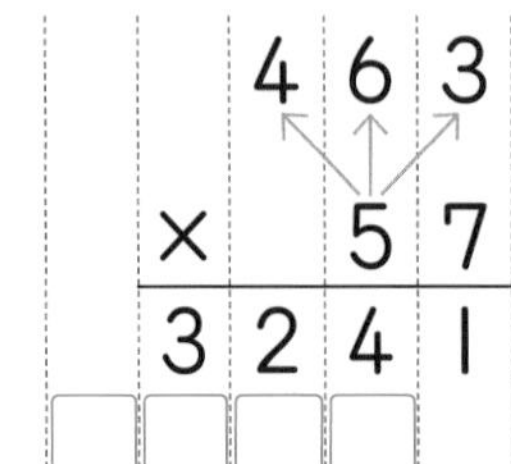

$$\begin{array}{r} 463 \\ \times\ 57 \\ \hline 3241 \\ 2315 \\ \hline \square\square\square\square\square \end{array}$$

答え
①
②

さんすうはかせ　今の筆算の形になるまでには、たとえばかけ算では、「倍加法(ばいかほう)→鎧戸法(よろいどほう)→電光法(でんこうほう)→改良電光法(かいりょうでんこうほう)」など、できるだけかんたんに計算のしかたを表(あらわ)すようにくふうされてきたんだ。

2 計算をしましょう。

❶
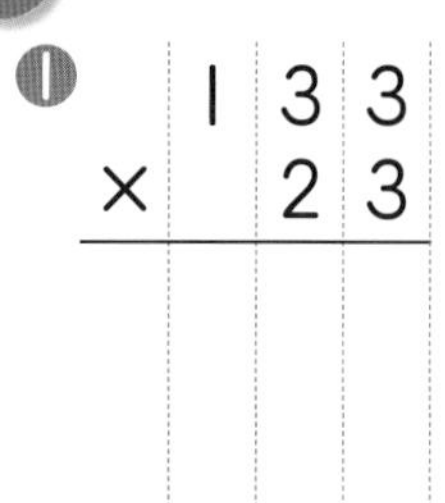

❷ 343
× 12

❸
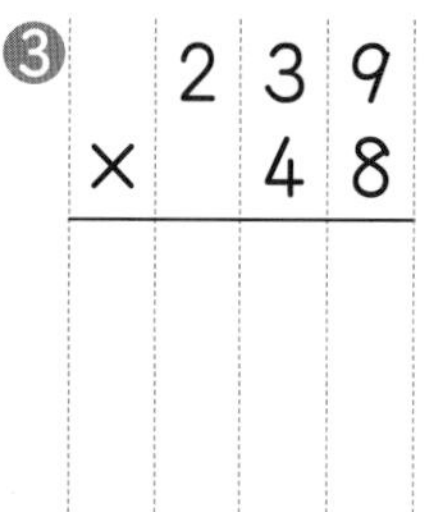

❹ 417
× 52

❺ 832
× 69

❻ 675
× 84

3 1こ173円のりんごを19こ買います。代金(だいきん)は何円になるでしょうか。

教科書 99ページ7

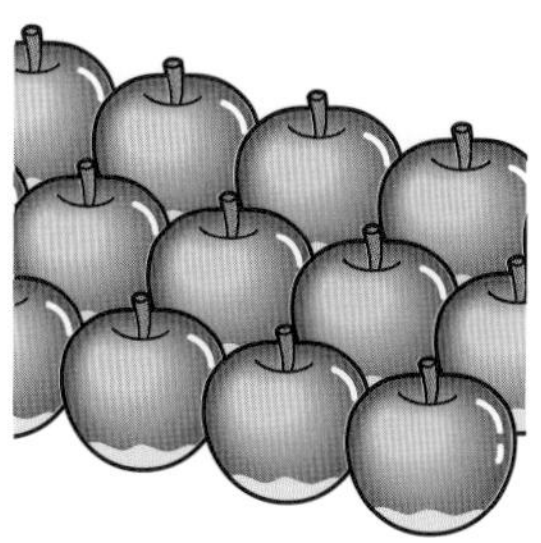

式

答え（　　　　　）

きほん3 かけられる数に0がある計算ができますか。

☆計算をしましょう。 ❶ 204×23 ❷ 400×27

とき方 答えを書く位に気をつけて、計算します。

❶

	2	0	4
×		2	3
	6	1	2
□	□	□	
□	□	□	□

← 204×2

❷

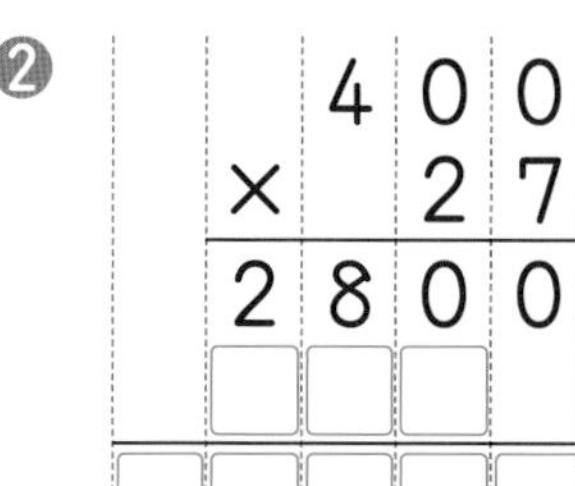

0を書きわすれないようにしよう。

答え ❶ □ ❷ □

4 計算をしましょう。

教科書 100ページ9

❶ 307×19 ❷ 406×36 ❸ 300×73

ポイント （3けた）×（2けた）の筆算も、（2けた）×（2けた）の筆算と同じように一の位からじゅんに計算します。計算のくふうをすると、計算がしやすくなることがあります。

勉強した日　月　日

練習のワーク①

教科書 ㊦ 92～103ページ　答え 19ページ

できた数　/18問中

おわったら シールを はろう

1 何十をかける計算　計算をしましょう。

❶ 3×60　❷ 5×70　❸ 48×20

❹ 62×90　❺ 40×80　❻ 50×30

考え方
❺40×80は、4×8の10×10(倍)だから、4×8の答えの右はしに、0を2つつけます。

2 2けたの数をかける筆算　計算をしましょう。

❶ 24×32　❷ 93×47　❸ 82×65　❹ 33×45

❺ 324×73　❻ 419×28　❼ 706×84　❽ 301×87

3 計算のくふう　次の計算を、くふうして筆算でしましょう。

❶ 9×28　❷ 70×54　❸ 632×80

考え方
❶❷かけられる数とかける数を入れかえて計算します。
■×●＝●×■

4 2けたの数をかける計算　1まいの画用紙からカードが16まいできます。25まいの画用紙から、カードは全部で何まいできるでしょうか。

式

答え（　　　　）

できるナビ　筆算の計算が正しくできるようにしよう。

練習のワーク②

教科書 ㊦ 92～103ページ　答え 19ページ

できた数 /12問中

おわったら シールを はろう

1 2けたの数をかける計算　計算をしましょう。

❶ 4×80　❷ 21×40　❸ 90×30　❹ 29×23

❺ 62×45　❻ 536×74　❼ 842×96　❽ 790×68

2 2けたの数をかける筆算　筆算のまちがいを見つけて、正しく計算しましょう。

❶
```
   6 3
 × 7 5
 3 0 5
4 2 1
4 5 1 5
```

❷
```
   9 0 4
 ×   3 2
   1 8 8
 2 8 2
 3 0 0 8
```

ちゅうい
❶くり上げた数をたすことをわすれないようにしましょう。
❷かけられる数の十の位（くらい）の0に注意（ちゅうい）して計算します。

3 2けたの数をかける計算　子ども会の遠足で、1人180円ずつあつめます。36人分では、何円になるでしょうか。

式

答え（　　　　　　）

4 2けたの数をかける文章題　1本35円のえんぴつを1ダース買います。500円玉ではらうと、おつりは何円になるでしょうか。

式

考え方
まず、えんぴつの代金（だいきん）をもとめます。1ダースは12本です。

答え（　　　　　　）

できるナビ　かけられる数に0があるときに気をつけましょう。

1 よく出る 計算をしましょう。 1つ5〔45点〕

❶ 92×60　❷ 23×43　❸ 35×16

❹ 57×34　❺ 432×12　❻ 329×73

❼ 800×36　❽ 703×54　❾ 608×90

2 リボンでかざりを作ります。1このかざりを作るのに、リボンを53cm使(つか)います。かざりを27こ作るには、リボンは何m何cmいるでしょうか。 1つ7〔14点〕

式

答え（　　　　）

3 まゆみさんのクラス32人で水族館(すいぞくかん)に行きます。入場料(にゅうじょうりょう)は1人440円です。全員(ぜんいん)分の入場料は、何円になるでしょうか。 1つ7〔14点〕

式

答え（　　　　）

4 チャレンジ! 正しい筆算(ひっさん)となるように、□にあてはまる数を書きましょう。 1つ9〔27点〕

❶
```
    □3
  × □2
  ----
   126
  189
  ----
  2016
```

❷
```
    47
  × □□
  ----
   188
  □41
  ----
  □598
```

❸
```
    □□
  ×  69
  -----
    225
  □□□
  -----
  □□□5
```

□（2けた）×（2けた）の筆算ができたかな？
□（3けた）×（2けた）の筆算ができたかな？

1 計算をしましょう。 1つ6〔36点〕

❶ 33×13　❷ 28×20　❸ 62×34

❹ 129×12　❺ 342×47　❻ 509×46

2 くふうして計算しましょう。 1つ6〔12点〕

❶ 15×5×6　❷ 25×7×4

3 1さつの重(おも)さが375gの本があります。 1つ10〔40点〕

❶ 27さつの重さは、全部(ぜんぶ)で何kg何gになるでしょうか。

式

答え（　　　　）

チャレンジ! ❷ 15さつを500gの箱(はこ)につめて運(はこ)びます。全部で何kg何gになるでしょうか。

式

答え（　　　　）

4 しんやさんは、ビルの高さをかけ算を使ってもとめようと考えています。どんなことを調(しら)べればビルの高さをもとめられるでしょうか。㋐から㋓の中から2つえらびましょう。 1つ6〔12点〕

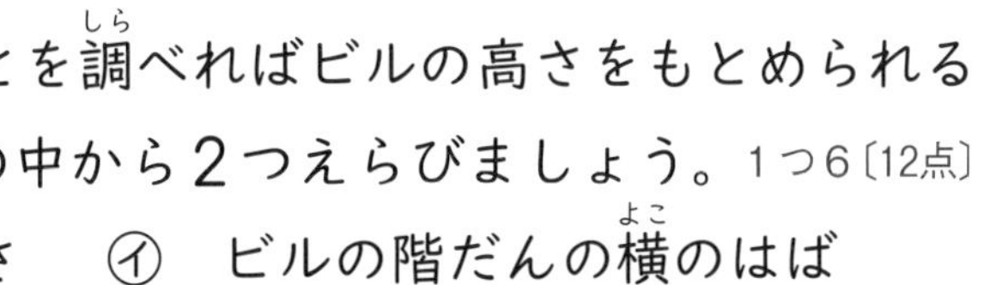

㋐ ビルの1階(かい)分の高さ
㋑ ビルの階だんの横(よこ)のはば

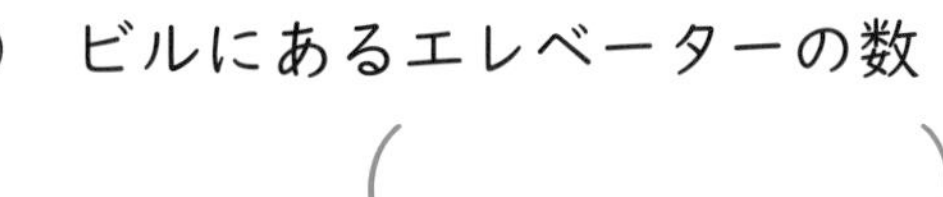

㋒ 何階だてのビル
㋓ ビルにあるエレベーターの数

（　　　　）

ふろくの「計算練習ノート」24〜27ページをやろう！

□ かけ算のきまりを使って、くふうして計算ができたかな？
□ 2けたの数のかけ算の文章題(ぶんしょうだい)ができたかな？

勉強した日 月 日

倍の計算
きほんのワーク

もくひょう
何倍になるかをもとめたり、何倍かを考えて問題をといていこう。

おわったらシールをはろう

教科書 ㊦ 105〜108ページ　答え 20ページ

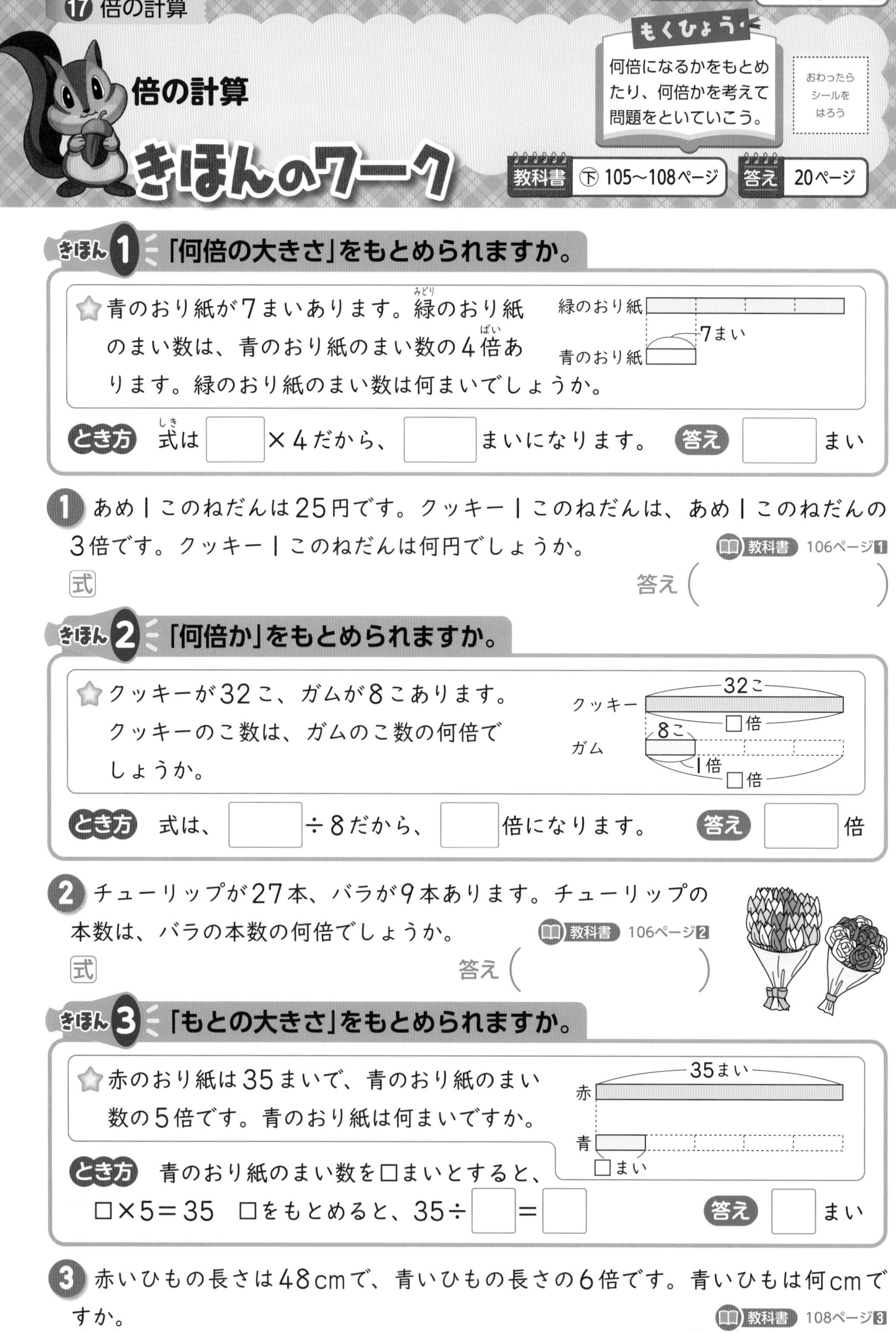

きほん1 「何倍の大きさ」をもとめられますか。

☆ 青のおり紙が7まいあります。緑(みどり)のおり紙のまい数は、青のおり紙のまい数の4倍(ばい)あります。緑のおり紙のまい数は何まいでしょうか。

とき方　式(しき)は □×4だから、□まいになります。　答え □まい

1 あめ１このねだんは25円です。クッキー１このねだんは、あめ１このねだんの3倍です。クッキー１このねだんは何円でしょうか。　教科書 106ページ1

式　　答え（　　）

きほん2 「何倍か」をもとめられますか。

☆ クッキーが32こ、ガムが8こあります。クッキーのこ数は、ガムのこ数の何倍でしょうか。

とき方　式は、□÷8だから、□倍になります。　答え □倍

2 チューリップが27本、バラが9本あります。チューリップの本数は、バラの本数の何倍でしょうか。　教科書 106ページ2

式　　答え（　　）

きほん3 「もとの大きさ」をもとめられますか。

☆ 赤のおり紙は35まいで、青のおり紙のまい数の5倍です。青のおり紙は何まいですか。

とき方　青のおり紙のまい数を□まいとすると、
□×5＝35　□をもとめると、35÷□＝□　答え □まい

3 赤いひもの長さは48cmで、青いひもの長さの6倍です。青いひもは何cmですか。　教科書 108ページ3

式　　答え（　　）

さんすうはかせ　日本では、かけ算の九九を「1×1 から 9×9 まで」おぼえるけれど、海外では、「12×12 まで」や「20×20 まで」を学習(がくしゅう)する国があるんだよ。

1 じゅんこさんのクラスの黒板(こくばん)のたての長さは、24cmのぼうの5倍の長さでした。黒板のたての長さは、何m何cmでしょうか。 1つ10〔20点〕

式

答え（　　　　）

2 ゆうさんはカードを56まい、けんさんはカードを8まい持(も)っています。ゆうさんが持っているまい数は、けんさんの持っているまい数の何倍でしょうか。 1つ10〔20点〕

式

答え（　　　　）

3 お父さんの年れいは36さいで、ゆかさんの年れいの4倍です。ゆかさんは何さいでしょうか。 1つ10〔20点〕

式

答え（　　　　）

4 赤いリボンが7cmあります。青いリボンの長さは、赤いリボンの長さの2倍です。黄色いリボンの長さは、青いリボンの長さの4倍です。 1つ10〔40点〕

❶ 青いリボンの長さは何cmでしょうか。

式

答え（　　　　）

❷ 黄色いリボンの長さは何cmでしょうか。

式

答え（　　　　）

□ 図をかいて、問題(もんだい)を考えることができたかな？
□ わからない数を□にして、式をたてることができたかな？

勉強した日 月 日

そろばん
きほんのワーク

もくひょう
そろばんでたし算やひき算ができるようにしよう。

おわったら シールを はろう

教科書 下 111〜114ページ　答え 21ページ

きほん 1 そろばんに入れた数がよめますか。

☆右のそろばんに入れた数はいくつでしょうか。数字で書きましょう。

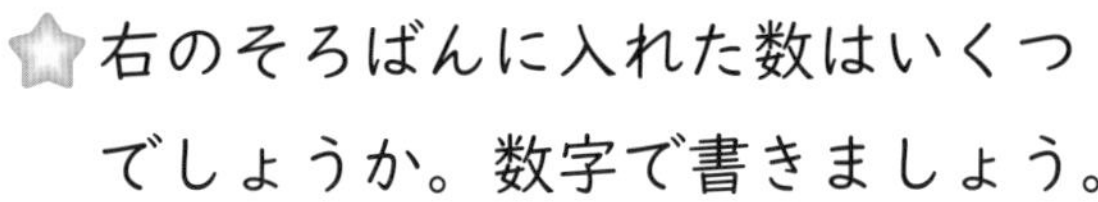

とき方 定位点のあるけたを一の位に決めれば、そこからじゅんに、それぞれの位が決まります。一だま1つは1を表し、五だま1つは5を表します。

百の位の数は □、十の位の数は □、一の位の数は □、$\frac{1}{10}$の位の数は □ なので、このそろばんに入れた数は、□ です。

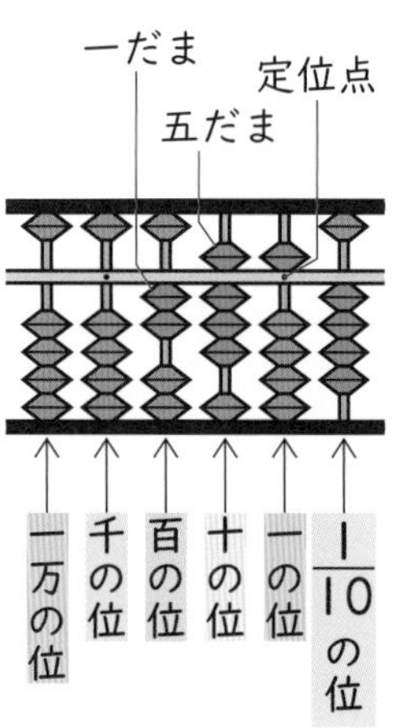

答え □

1 そろばんに入れた数を、数字で書きましょう。

教科書 111ページ1

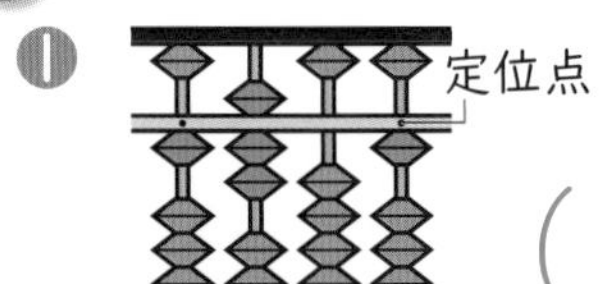

❶ （　　）

❷ （　　）

3の入れ方とはらい方(とり方)

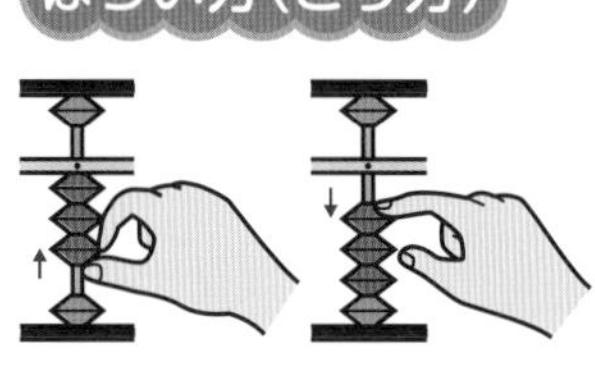

※1、2、4も同じです。

5の入れ方とはらい方(とり方)

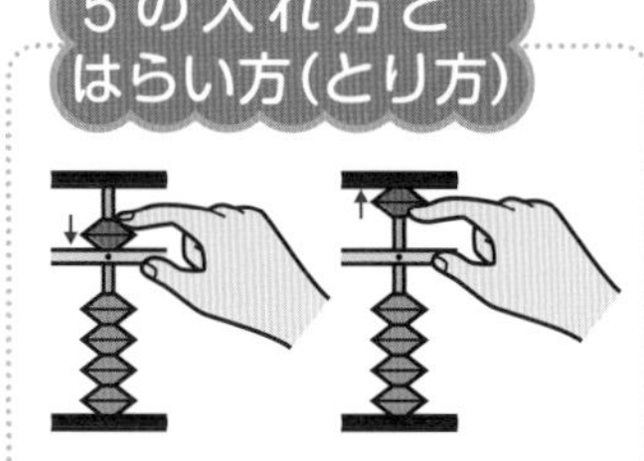

きほん 2 そろばんを使って、たし算ができますか。

☆2＋4の計算を、そろばんを使ってしましょう。

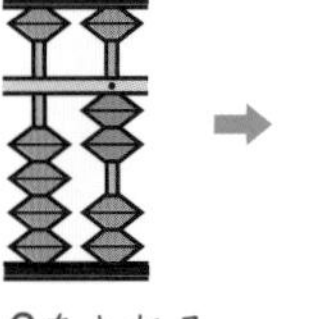

2を入れる。

4をたすには、5を入れて、入れすぎた1をとる。(4は5から1をひいた数)

7の入れ方とはらい方(とり方)

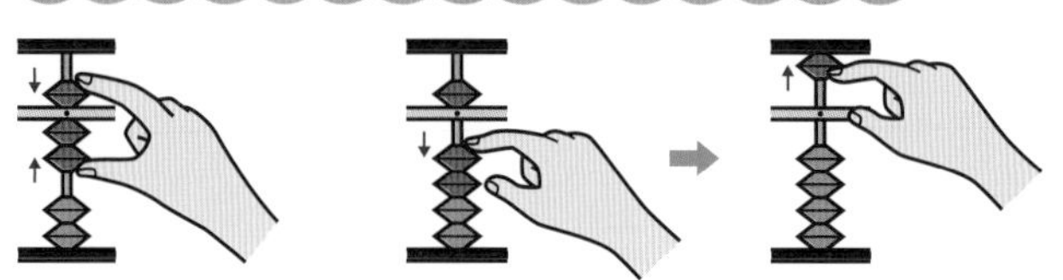

※6、8、9も同じです。

答え □

さんすうはかせ
そろばんは世界中にいろいろあり、今のこっているいちばん古いそろばんは、紀元前300年ごろの「サラミスのそろばん」といわれているものだよ。

2 そろばんを使って、計算をしましょう。 教科書 112ページ2 113ページ4

❶ 23＋56　❷ 3＋4　❸ 2＋7

きほん3 そろばんを使って、ひき算ができますか。

☆6－3の計算を、そろばんを使ってしましょう。

とき方

6を入れる。

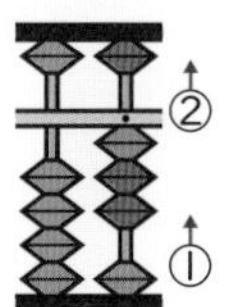

3をひくには、
2を入れて、
5をとる。

数を入れるときは、人さし指と親指を使うよ。数をとるときは、人さし指を使うよ。

答え □

3 そろばんを使って、計算をしましょう。 教科書 113ページ3・5

❶ 98－55　❷ 77－16　❸ 5－2　❹ 6－4

きほん4 10を入れたり、とったりするたし算やひき算ができますか。

☆そろばんを使って、次の計算をしましょう。

❶ 4＋8　❷ 12－9

とき方 ❶

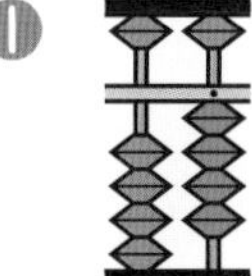
4を入れる。

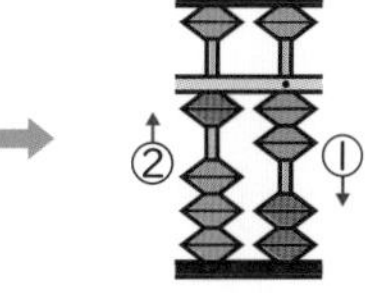

8をたすには、
2をとって、
10を入れる。

❷

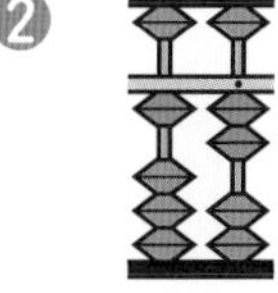
12を入れる。

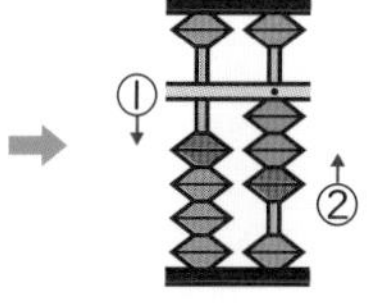

9をひくには、
10をとって、
とりすぎた1を入れる。

答え ❶ □　❷ □

4 そろばんを使って、計算をしましょう。 教科書 113ページ6・7 114ページ8・9

❶ 5＋7　❷ 12－4　❸ 9万＋4万　❹ 13万－6万

ポイント そろばんの正しい数の入れ方、とり方をおぼえましょう。大きい数の計算ではそれぞれの位に数を入れて、大きい位から計算しましょう。

1 次の数を数字で書きましょう。 1つ5〔20点〕

❶ 100万を3こ、10万を6こ、千を4こあわせた数 (　　　)

❷ $\frac{1}{8}$ を7こあつめた数 (　　　)

❸ 1を2こと、0.1を9こあわせた数 (　　　)

❹ 0.1を18こあつめた数 (　　　)

2 下の数直線で、次の数を表すめもりに↓と番号を書きましょう。 1つ4〔20点〕

❶ 0.4　❷ $\frac{2}{10}$　❸ 1.3　❹ $\frac{9}{10}$　❺ 2.8

0　1　2　3

3 □にあてはまる数を書きましょう。 1つ5〔40点〕

❶ 8362000は、836万より□だけ大きい数です。

❷ 270を10倍した数は□で、100倍した数は□です。
また、270を10でわった数は□です。

❸ 3×8＝3×7＋□　❹ 9×2＝□×9

❺ 21×7＝(□×7)＋(1×7)　❻ 9×5×8＝9×(□×8)

4 数の大小をくらべて、□に等号か不等号を書きましょう。 1つ5〔20点〕

❶ 43199□43201　❷ 56000＋44000□10000

❸ 2.4－1.3□0.9　❹ 1□$\frac{1}{10}+\frac{9}{10}$

チェック
□いろいろな数のしくみがわかったかな？
□小数や分数を数直線に表すことができたかな？

勉強した日　月　日

おわったら シールを はろう

1 計算をしましょう。　1つ5〔45点〕

❶ 328＋574　❷ 649＋821　❸ 4621＋2393

❹ 2010＋1801　❺ 743－269　❻ 902－368

❼ 6305－4927　❽ 5001－794　❾ 7892－963

2 ある町に住(す)んでいる男の人の数は6195人、女の人の数は6372人です。

❶ あわせて何人でしょうか。　1つ6〔24点〕

式

答え（　　　　）

❷ ちがいは何人でしょうか。

式

答え（　　　　）

3 計算をしましょう。　1つ7〔21点〕

❶ 49÷7　❷ 81÷9　❸ 25÷5

4 27このキャラメルを9人で同じ数ずつ分けると、1人分は何こになるでしょうか。　1つ5〔10点〕

式

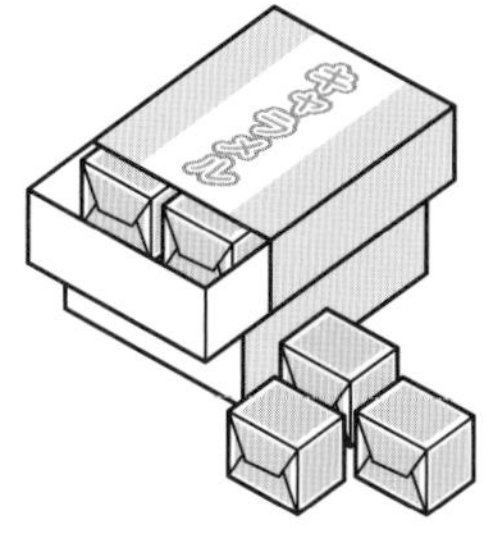

□3けたや4けたの数のたし算・ひき算ができたかな？
□わり算の答えを九九を使ってもとめることができたかな？

1 計算をしましょう。　1つ5〔30点〕

❶ 57÷7　❷ 52÷6　❸ 84÷2

❹ 36÷5　❺ 80÷8　❻ 48÷4

2 50このせっけんを、1箱に6こずつ入れていきます。せっけんを全部箱に入れるには、何箱いるでしょうか。　1つ5〔10点〕

式

答え（　　　）

3 計算をしましょう。　1つ5〔30点〕

❶ 59×3　❷ 92×5　❸ 315×8

❹ 912×30　❺ 74×28　❻ 506×43

4 1こ150円のプリンを6こ買いました。代金は何円になるでしょうか。　1つ5〔10点〕

式

答え（　　　）

5 □にあてはまる数をもとめましょう。　1つ5〔20点〕

❶ 18＋□＝56　❷ □－73＝14

❸ 4×□＝32　❹ □÷6＝8

チェック
□いろいろなわり算・かけ算ができたかな？
□□を使った式の□にあてはまる数をもとめることができたかな？

勉強した日　　月　　日

1 右のように、大きい円の中に同じ大きさの円が、2つぴったり入っています。大きい円の直径は何cmでしょうか。

〔20点〕

（　　　　）

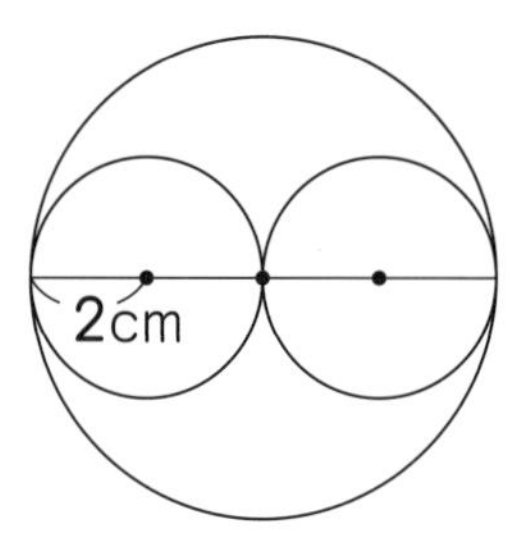

2 □にあてはまる言葉を書きましょう。　1つ10〔20点〕

どこから見ても円に見える形を □ といい、

この形をどこで切っても、切り口の形は □ です。

3 次の図形を□の中にかきましょう。　1つ15〔30点〕

❶ 半径が1.5cmの円

❷ 直径が4cmの円

4 次の三角形を□の中にかきましょう。　1つ15〔30点〕

❶ 3つの辺の長さがすべて2.5cmの正三角形

❷ 3つの辺の長さが3cm、4cm、4cmの二等辺三角形

チェック✓

□円や球のとくちょうがわかったかな？

□円や三角形をかくことができたかな？

勉強した日　月　日

まとめのテスト⑤

時間20分　とく点　/100点　おわったらシールをはろう

教科書 下 122〜123ページ　答え 22ページ

1 次の時間や時こくをもとめましょう。　1つ10〔30点〕

❶ 午前8時30分から午前10時までの時間

(　　　　)

❷ 午後3時30分から45分後の時こくと45分前の時こく

45分後の時こく(　　　　)　45分前の時こく(　　　　)

2 重さを答えましょう。　1つ10〔20点〕

❶

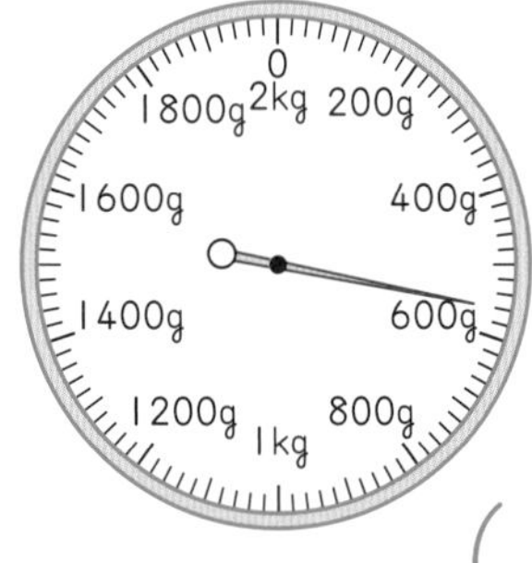

(　　　　)

❷

(　　　　)

3 次の□にあてはまる数を書きましょう。　1つ5〔20点〕

❶ 1km250m=□m

❷ 2030m=□km□m

❸ 3kg60g=□g

❹ 1L=□dL=□mL

4 下の表は、ある学級で、すきな動物について調べたものです。これを、人数が多いじゅんにならべて、ぼうグラフに表しましょう。　〔30点〕

すきな動物調べ

しゅるい	人数(人)
うさぎ	3
パンダ	8
犬	9
ライオン	5
その他	4

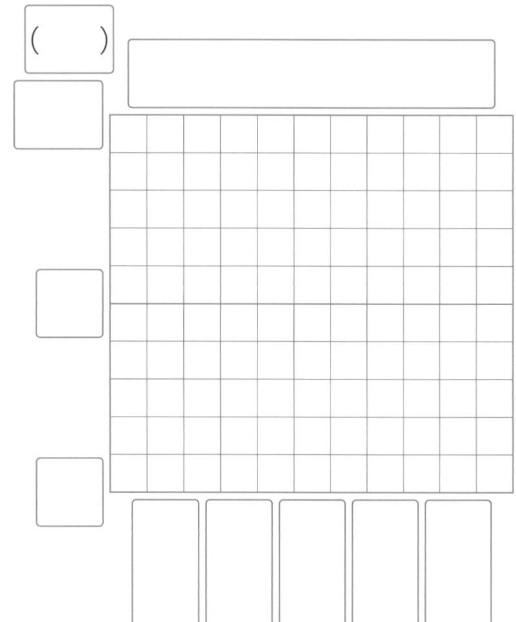

ふろくの「計算練習ノート」28〜29ページをやろう！

□いろいろな単位のしくみがわかったかな？
□表をぼうグラフに表すことができたかな？

●勉強した日　　月　　日

夏休みのテスト①

時間 30分

名前　　とく点　　/100点

おわったらシールをはろう

教科書 上 11〜109ページ　答え 23ページ

1 計算をしましょう。 1つ4〔12点〕

❶ 8×0　❷ 0×9　❸ 30×6

（　　）（　　）（　　）

2 □にあてはまる数を書きましょう。 1つ4〔12点〕

❶ 9×3＝9×4−□

❷ 4×6＝6×□

❸ 8×7 〈 2×7＝□ / □×7＝□

あわせて □

3 かずやさんは、午後3時50分から午後4時

6 □にあてはまる数を書きましょう。 1つ4〔8点〕

❶ 6km50m＝□m

❷ 2078m＝□km□m

7 右の2つの表は、あゆみさんたちが、校門の前の道を10分間に通った乗用車とトラックの数を調べたものです。 1つ5〔10点〕

車調べ（南行き）

しゅるい	台数(台)
乗用車	23
トラック	13

車調べ（北行き）

しゅるい	台数(台)
乗用車	14
トラック	7

❶ 上の2つの表を、右のような1つの表にまとめましょ

車調べ　(台)

しゅるい ＼ 行き先	南行き	北行き	合計
乗用車	あ	え	き
トラック	い	お	く
合計	う	か	け

夏休みのテスト②

名前　　とく点　　／100点

おわったらシールをはろう

教科書　㊤11〜109ページ　　答え　23ページ

1 計算をしましょう。　1つ4〔24点〕

❶ 6×0　（　　　）

❷ 400×2　（　　　）

❸ 15÷5　（　　　）

❹ 0÷7　（　　　）

❺ 6÷6　（　　　）

❻ 62÷2　（　　　）

2 □にあてはまる数を書きましょう。　1つ4〔8点〕

❶ 85秒＝□分□秒

❷ 100分＝□時間□分

3 わかなさんは、午後1時50分に家を出て、

6 みきさんの家から学校までのきょりは何mでしょうか。また、みきさんの家から学校までの道のりは何km何mでしょうか。　1つ4〔8点〕

みきの家　300m　750m　800m　学校

きょり（　　　）　道のり（　　　）

7 まゆみさんのはんの人のちょ金を調べました。右の表を、ぼうグラフに表しましょう。　〔6点〕

ちょ金調べ

名前	金がく(円)
まゆみ	800
りょう	300
ゆうた	500
よしみ	900

0　(円)

40 分間[illegible]ルに着きました。着いた時こくは午後何時何分でしょうか。 〔6 点〕

（　　　　　）

4 875 まいの画用紙のうち、658 まいを使(つか)いました。あと何まいのこっているでしょうか。

式　　1 つ 4〔8 点〕

答え（　　　　　）

5 ドーナツが 27 こあります。　1 つ 4〔16 点〕

❶ 1 人に 3 こずつ分けると、何人に分けられるでしょうか。

式

答え（　　　　　）

❷ 9 人に同じ数ずつ分けると、1 人分は何こになるでしょうか。

式

答え（　　　　　）

8 計算をしましょう。また、答えのたしかめをしましょう。　1 つ 4〔16 点〕

❶ $25 \div 6$　答え（　　　　　）

たしかめ（　　　　　）

❷ $52 \div 7$　答え（　　　　　）

たしかめ（　　　　　）

9 39 m の長さのロープを 4 m ずつ切ります。4 m の長さのロープは、何本できて、何 m あまるでしょうか。　1 つ 4〔8 点〕

式

答え（　　　　　）

35分まで、公園で遊びました。公園で遊んだ時間は何分間でしょうか。〔6点〕

（　　　　）

4 計算をしましょう。 1つ4〔16点〕

❶ 368＋782　❷ 5342＋559

（　　　　）（　　　　）

❸ 700−408　❹ 8546−2738

（　　　　）（　　　　）

5 計算をしましょう。 1つ4〔12点〕

❶ 63÷9　❷ 3÷1　❸ 60÷6

（　　　　）（　　　　）（　　　　）

う。

❷ 10分間に校門の前を通った乗用車とトラックの台数は、合計何台でしょうか。

（　　　　）

8 計算をしましょう。また、答えのたしかめをしましょう。 1つ4〔16点〕

❶ 38÷6　答え（　　　　）
たしかめ（　　　　）

❷ 48÷9　答え（　　　　）
たしかめ（　　　　）

9 28人の子どもがかんらん車に乗ります。1台のゴンドラに6人ずつ乗るとすると、全員が乗るには、ゴンドラは何台いるでしょうか。

式 1つ4〔8点〕

答え（　　　　）

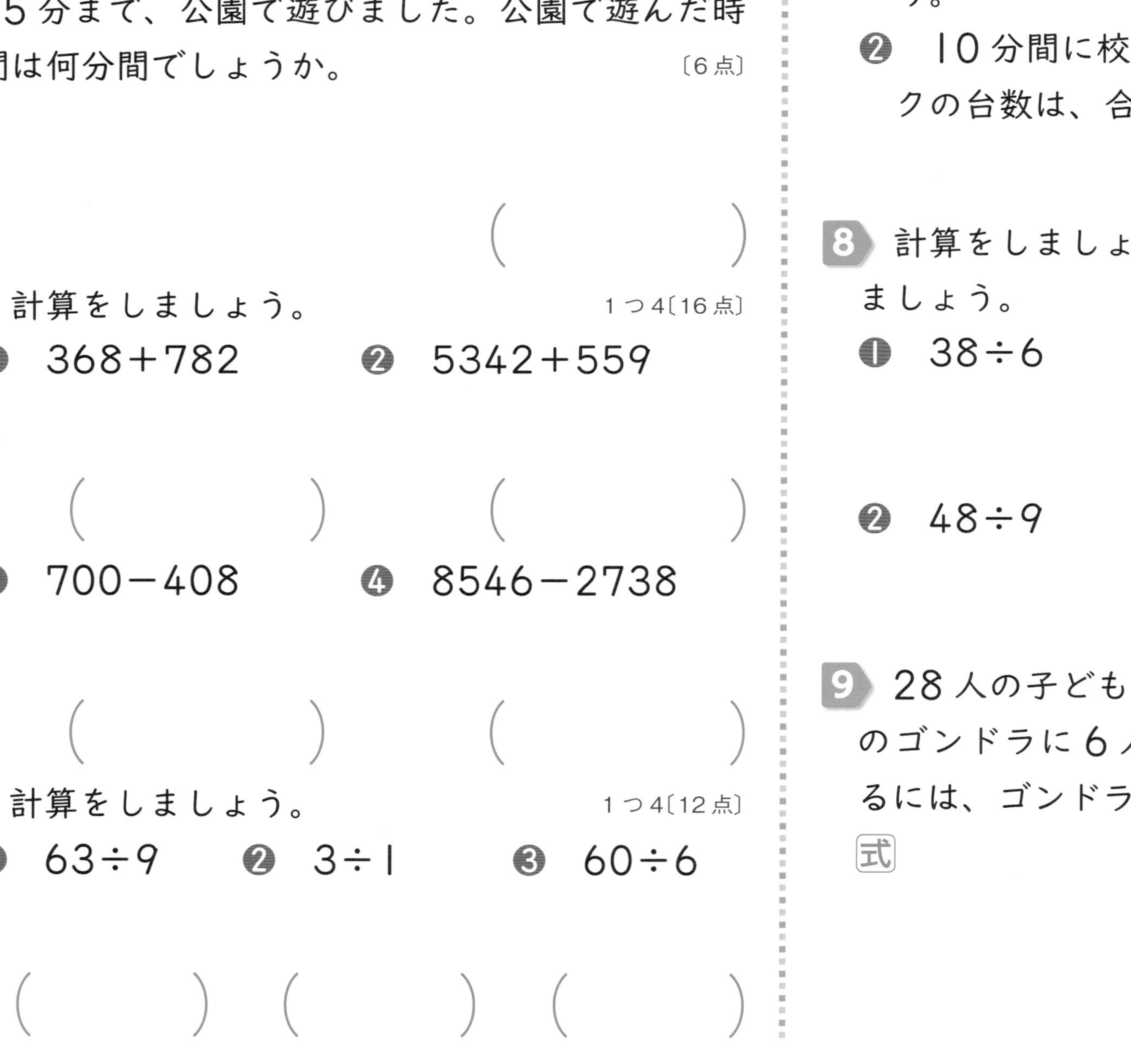

●勉強した日　　月　　日

実力判定テスト

冬休みのテスト②

時間30分

名前

とく点　　/100点

おわったらシールをはろう

教科書　㊤110〜139ページ、㊦4〜73ページ　答え　23ページ

1 下の数直線のあからえのめもりが表す数を書きましょう。　1つ4〔16点〕

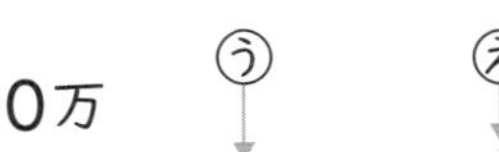

7000万　あ　8000万　い　9000万　う　え

あ（　　　）　い（　　　）

う（　　　）　え（　　　）

2 右のように、半径3cmのボールが6こぴったり入っている箱があります。この箱のたてと横の長さはそれぞれ何cmでしょうか。

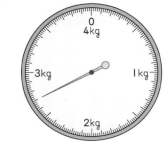

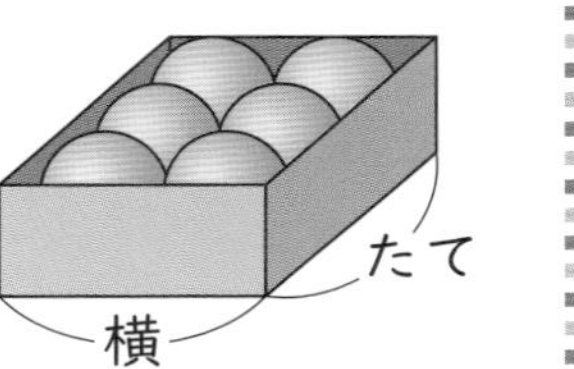

1つ4〔8点〕

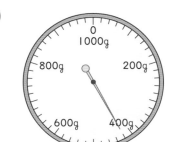

たて（　　　）　横（　　　）

5 下のはかりのめもりをよみましょう。　1つ4〔8点〕

❶ 0 1000g 200g 400g 600g 800g

❷ 0 4kg 1kg 2kg 3kg

（　　　）　（　　　）

6 計算をしましょう。　1つ4〔16点〕

❶ $\frac{2}{8}+\frac{5}{8}$

❷ $\frac{3}{5}+\frac{2}{5}$

（　　　）　（　　　）

❸ $\frac{9}{10}-\frac{3}{10}$

❹ $1-\frac{2}{9}$

（　　　）　（　　　）

●勉強した日　月　日

実力判定テスト

冬休みのテスト①

時間 30分

名前　とく点　/100点

おわったらシールをはろう

教科書 ㊤ 110〜139ページ、㊦ 4〜73ページ　答え 23ページ

1 次の数を数字で書きましょう。　1つ4〔8点〕

❶ 七千二百五万千六十四

(　　　　　)

❷ 1000万を10こあつめた数

(　　　　　)

2 1辺が12cmの正方形の中に、円がぴったり入っています。この円の半径は何cmでしょうか。　〔4点〕

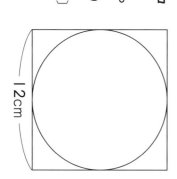

(　　　　　)

3 計算をしましょう。　1つ5〔20点〕

❶ 13×6　❷ 42×8

5 □にあてはまる数を書きましょう。　1つ5〔20点〕

❶ 8kg=□g

❷ 2t=□kg

❸ 2kg500g=□g

❹ 6450g=□kg□g

6 計算をしましょう。　1つ6〔24点〕

❶ $\frac{1}{6}+\frac{2}{6}$　(　　　)

❷ $\frac{3}{7}+\frac{3}{7}$　(　　　)

❸ $\frac{8}{9}-\frac{3}{9}$

❹ $1-\frac{2}{10}$

③ 273×3　　　④ 526×7

4 ゆうきさんはカードを何まいか持っています。みきさんに23まいもらったので、50まいになりました。はじめに持っていたカードの数を□まいとして、式に表しましょう。また、□にあてはまる数をもとめましょう。　1つ4〔8点〕

式（　　　　）

答え（　　　　）

7 ジュースが大きいびんに$\frac{4}{7}$L、小さいびんに$\frac{3}{7}$L入っています。ジュースはあわせて何Lあるでしょうか。　1つ4〔8点〕

式

答え（　　　　）

8 次の三角形は何という三角形でしょうか。　1つ4〔8点〕

① 3つの辺の長さが4cm、4cm、4cmの三角形

（　　　　）

② 3つの辺の長さが8cm、10cm、8cmの三角形

（　　　　）

3 計算をしましょう。 1つ5〔20点〕

❶ 37×4　　❷ 89×7

(　　　)　　(　　　)

❸ 389×6　　❹ 805×8

(　　　)　　(　　　)

4 1さつ235円のノートを4さつ買います。全(ぜん)部(ぶ)で何円になるでしょうか。 1つ4〔8点〕

式

答え(　　　)

7 けんとさんのリボンの長さは$\frac{3}{7}$m、さくらさんのリボンの長さは$\frac{2}{7}$mです。 1つ4〔16点〕

❶ リボンはあわせて何mあるでしょうか。

式

答え(　　　)

❷ リボンの長さのちがいは、何mでしょうか。

式

答え(　　　)

8 右の図のように、円の中心と円のまわりをむすんでかいた三角形は何という三角形でしょうか。 〔8点〕

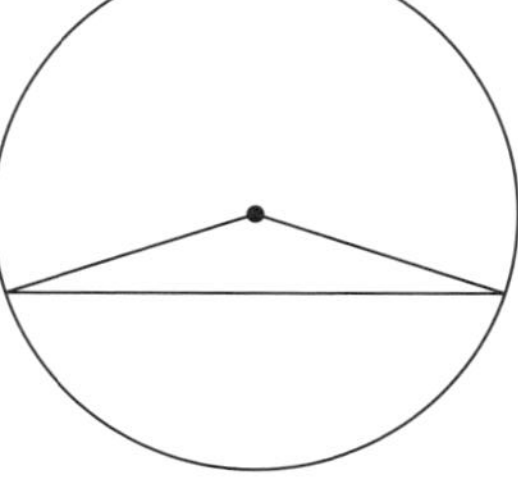

(　　　)

●勉強した日　月　日

実力判定テスト 学年末のテスト①

時間 30分　名前　とく点 /100点　おわったらシールをはろう

教科書 ㊤11〜139ページ、㊦4〜123ページ　答え 24ページ

1 計算をしましょう。わり算は、あまりがあるときはあまりももとめましょう。 1つ3〔24点〕

❶ 0×8 （　　）　❷ 10×5 （　　）

❸ 38×7 （　　）　❹ 294×4 （　　）

❺ 84÷2 （　　）　❻ 61÷7 （　　）

❼ 427+395 （　　）　❽ 604−218 （　　）

2 しおりさんは、午前10時55分から午前11時15分まで、部屋のそうじをしました。そうじ

5 計算をしましょう。 1つ4〔8点〕

❶ $\frac{1}{7}+\frac{5}{7}$ （　　）　❷ $1-\frac{1}{5}$ （　　）

6 □にあてはまる数を書きましょう。 1つ3〔9点〕

❶ 4.3は、0.1を□こあつめた数です。

❷ 8.2は、1を□こと、0.1を□こあわせた数です。

❸ 0.1を61こあつめた数は□です。

7 計算をしましょう。 1つ4〔16点〕

❶ 2.8+4.5 （　　）　❷ 5.2+1.8 （　　）

❸ 7.4−6.5　❹ 3.9−2

●勉強した日　月　日

学年末のテスト②

名前　とく点　/100点

おわったらシールをはろう

教科書　㊤ 11～139ページ、㊦ 4～123ページ　答え 24ページ

1 青いロープの長さは、赤いロープの長さの4倍で、緑のロープの長さは、青いロープの長さの2倍です。緑のロープの長さは、赤いロープの長さの何倍でしょうか。　1つ5〔10点〕

式

答え（　　）

2 580を10倍、100倍、1000倍、10でわった数を書きましょう。　1つ3〔12点〕

10倍（　　）　100倍（　　）

1000倍（　　）　10でわった数（　　）

3 コンパスを使って、直径が6cm

6 計算をしましょう。　1つ4〔24点〕

❶ 0.9＋2.2（　　）　❷ 5.7＋3.6（　　）

❸ 3.6＋5（　　）　❹ 3.4－1.8（　　）

❺ 8.2－4.9（　　）　❻ 7－6.3（　　）

7 計算をしましょう。　1つ5〔20点〕

❶ 4×16　❷ 73×65

う。〔8点〕

4 300gのかごに、みかんを入れて重さをはかったら、1kg200gありました。みかんだけの重さは何gでしょうか。 1つ5〔10点〕

式

答え（　　　）

5 右の二等辺三角形で、大きさの等しい角を答えましょう。〔6点〕

（　　　）

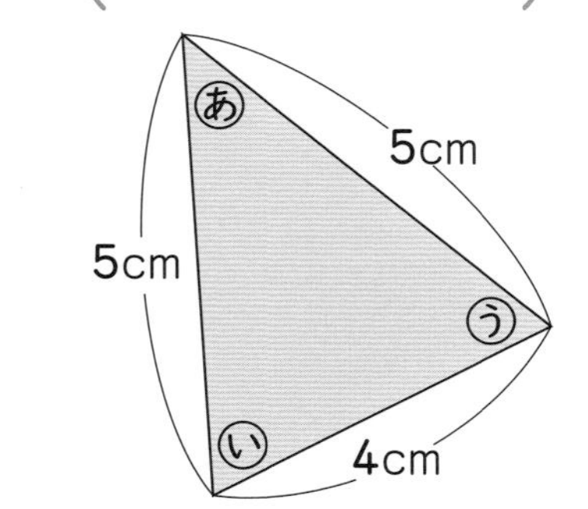

③ 386×23

（　　　）

④ 805×49

（　　　）

8 クラッカーが63まいあります。何人かで同じ数ずつ分けたら、1人分は7まいになりました。わからない数を□として、式に表しましょう。また、□にあてはまる数をもとめましょう。 1つ5〔10点〕

式（　　　）　答え（　　　）

をした時間は何分間でしょうか。 〔5点〕

（　　　）

3 □にあてはまる数を書きましょう。 1つ3〔6点〕

❶ 2750m ＝ □ km □ m

❷ 8km30m ＝ □ m

4 右の表は、3年生が住んでいる町べつの人数を調べたけっかを1つの表にまとめたものです。 1つ4〔8点〕

町べつの人数調べ （人）

町＼組	1組	2組	3組	合計
東町	14	11	5	㋓
中町	9	15	8	㋔
西町	12	8	18	㋕
合計	㋐	㋑	㋒	㋖

❶ ㋐から㋖に入る数を表に書きましょう。

❷ 3年生がいちばん多く住んでいる町は、どの町でしょうか。

（　　　）

（　　　）　（　　　）

8 計算をしましょう。 1つ4〔16点〕

❶ 94×37

❷ 47×85

（　　　）　（　　　）

❸ 613×24

❹ 584×76

（　　　）　（　　　）

9 ひろとさんは絵はがきを24まい、妹は6まい持っています。ひろとさんの持っている絵はがきの数は、妹の絵はがきの数の何倍でしょうか。

式 1つ4〔8点〕

答え（　　　）

●勉強した日　　月　　日

実力判定テスト

まるごと 文章題テスト②

時間 30分

名前

とく点　　/100点

おわったらシールをはろう

いろいろな文章題にチャレンジしよう！

答え 24ページ

1 １こ60円のクッキーを２こずつふくろに入れたものを、３人に配るために買います。代金は何円でしょうか。　1つ5〔10点〕

式

答え（　　　）

2 そう庫に品物が8524こ入っていました。このうち4897こを外に運び出しました。そう庫にのこっている品物は何こでしょうか。　1つ5〔10点〕

式

答え（　　　）

3 35本の花があります。7本ずつたばにすると、花たばはいくつできるでしょ

6 6300まいの紙を、同じまい数ずつにたばねて10のたばを作りました。１たばは、何まいになるでしょうか。　1つ5〔10点〕

式

答え（　　　）

7 本をランドセルに入れて重さをはかったら、１kg 400gでした。本の重さは450gです。ランドセルだけの重さは何gでしょうか。　1つ5〔10点〕

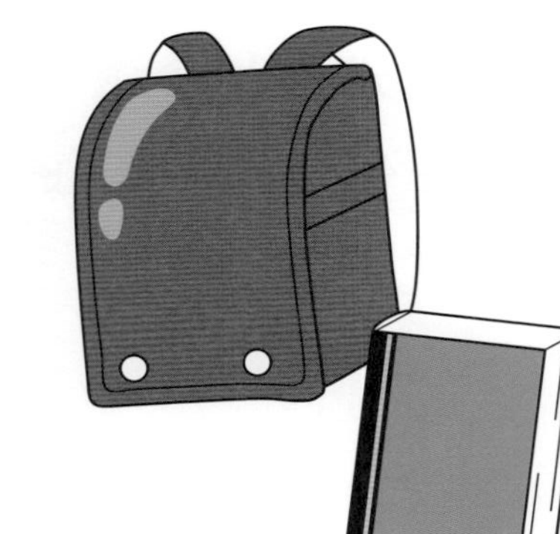

式

答え（　　　）

●勉強した日　月　日

まるごと

文章題テスト①

時間 30分

名前　　とく点　／100点

おわったらシールをはろう

いろいろな文章題にチャレンジしよう！

答え　24ページ

1 家から学校まで25分かかります。午前8時15分までに学校に着(つ)くためには、おそくとも何時何分までに家を出ればよいでしょうか。〔10点〕

（　　　　）

2 ある学校では、コピー用紙を、先週は2194まい、今週は1507まい使(つか)いました。1つ5〔20点〕

❶ 先週と今週で、あわせて何まいのコピー用紙を使ったでしょうか。

式

答え（　　　　）

❷ 先週と今週で、使ったまい数のちがいは何まいでしょうか。

式

5 76本のえんぴつを、8人で同じ数ずつ分けます。1人分は何本になって、何本あまるでしょうか。

式　1つ5〔10点〕

答え（　　　　）

6 1しゅう237mの公園のまわりを5しゅう走ります。全部で何m走ることになるでしょうか。

式　1つ5〔10点〕

答え（　　　　）

7 たくまさんのテープの長さは$\frac{4}{6}$m、かすみさんのテープの長さは$\frac{2}{6}$mです。テープはあわせて

答え（　　　　）

3 計算問題が 49 題あります。毎日同じ数ずつ問題をといて、1 週間で全部とき終わるには、1 日に何題ずつとけばよいでしょうか。　1 つ5〔10 点〕

式

答え（　　　　）

4 80cm のひもがあります。このひもを、1 本の長さが 8cm になるように切り分けます。8cm のひもは何本できるでしょうか。　1 つ5〔10 点〕

式

答え（　　　　）

何 m あるでしょうか。　1 つ5〔10 点〕

式

答え（　　　　）

8 2.5 L 入るやかんと、1.6 L 入る水とうでは、どちらがどれだけ多く入るでしょうか。　1 つ5〔10 点〕

式

答え（　　　　）

9 1 本 155 円のボールペンを 23 本買います。4000 円出すと、おつりは何円でしょうか。　1 つ5〔10 点〕

式

答え（　　　　）

うか。 1つ5〔10点〕

式

答え（　　　　）

4 ひかるさんと弟は、どんぐりを拾(ひろ)いに行きました。ひかるさんは 42 こ、弟は 7 こ拾いました。ひかるさんの拾った数は、弟の拾った数の何倍(ばい)でしょうか。 1つ5〔10点〕

式

答え（　　　　）

5 6L の牛にゅうを、7dL ずつびんに分けていきます。7dL 入ったびんは何本できるでしょうか。 1つ5〔10点〕

式

答え（　　　　）

8 スープが $\frac{7}{9}$ L あります。$\frac{2}{9}$ L 飲(の)むと、のこりは何 L になるでしょうか。 1つ5〔10点〕

式

答え（　　　　）

9 8.3cm のテープと 38mm のテープがあります。テープはあわせて何cm あるでしょうか。 1つ5〔10点〕

式

答え（　　　　）

10 リボンでかざりを作ります。1このかざりを作るのに、リボンを 28cm 使(つか)います。かざりを 52 こ作るには、リボンは何m何cm いるでしょうか。 1つ5〔10点〕

式

答え（　　　　）